中国抹茶

俞燎远 等◎编著

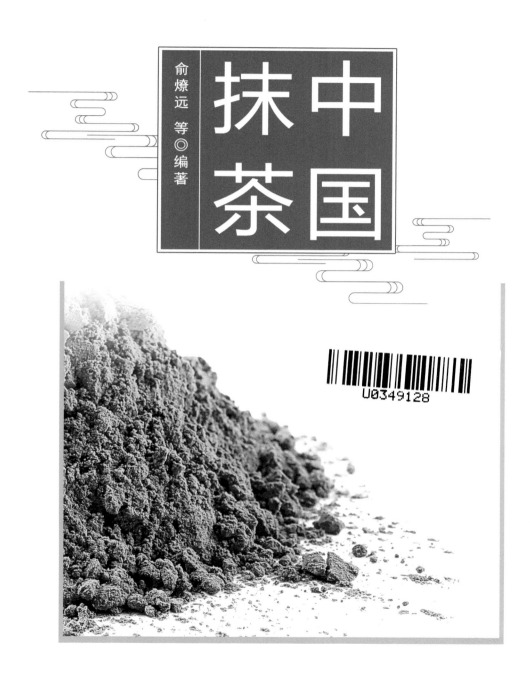

U0349128

中国农业科学技术出版社

图书在版编目（CIP）数据

中国抹茶 / 俞燎远等编著. -- 北京：中国农业科学
技术出版社, 2020.12
ISBN 978-7-5116-5028-3

Ⅰ.①中… Ⅱ.①俞… Ⅲ.①茶叶加工—产业发展—
中国 Ⅳ.①F326.12

中国版本图书馆 CIP 数据核字（2020）第 177504 号

责任编辑　闫庆健
文字加工　李功伟
责任校对　李向荣
出 版 者　中国农业科学技术出版社
　　　　　　　北京市中关村南大街12号　邮编：100081
电　　话　(010)82106632(编辑部)　　(010)82109702(发行部)
　　　　　　　(010)82109709(读者服务部)
传　　真　(010)82106625
网　　址　http://www.castp.cn
经 销 者　各地新华书店
印 刷 者　北京建宏印刷有限公司
开　　本　787mm×1092mm　1/16
印　　张　12.5
字　　数　231千字
版　　次　2020年12月第1版　2020年12月第1次印刷
定　　价　158.00元

《中国抹茶》编著委员会

主　编　著　俞燎远

副主编著　尹军峰　王岳飞　翁　蔚　许勇泉

参著人员　毛立民　江和源　余继忠　何卫中　付　杰

苏中强　吕闰强　金银永　胡　双　李建华

李红莉　徐　平　娄艳华　刘志荣　徐嘉民

王卓琴　李书魁　王　能　胡美娟　王　珍

毛雅琳　林　钗　汪　芳　陈根生　徐汝松

祝凌平　金建平　沈　炜　陈建新　徐　跃

序

  抹茶起源于魏晋，发展于隋唐，兴盛于宋元，生产历史悠久，文化积淀深厚。近年来，抹茶代表的健康吃茶食茶方法，被广大的年轻消费群体喜爱和接受，抹茶产量跨越式增长，缓解了茶叶卖难困境，提高了茶农生产效益。

  抹茶富含人体所需的多种营养成分和微量元素，主要成分为茶多酚、咖啡碱、游离氨基酸、叶绿素、维生素和钾、钙、硒等微量元素，具有抗菌、抗炎、抗病毒、抗肿瘤、抗焦虑、抗氧化等天然、营养、保健和药效功能。千禧年后，伴随着烘焙甜品业和新茶饮市场的阶段性爆发，抹茶作为营养强化剂和天然色素添加剂广泛应用于食品、保健品、日化品等诸多行业，抹茶的加工设备和应用技术迅速发展，抹茶消费市场快速兴起，抹茶产业发展潜力巨大。

  为推动抹茶生产向产业现代化、生产标准化、加工智能化、产品优质化方向发展，近年来，浙江省农业农村厅、中国农业科学院茶叶研究所、浙江大学茶叶研究所等管理与研究单位，联合抹茶生产、加工、应用和机械制造龙头企业，协同开展抹茶全产业链技术研究攻关与示范推广，总结编著了《中国抹茶》一书。该书涵盖了抹茶的适制品种、栽植培肥、病虫防控、遮阳覆盖、加工流程、感官评审和综合利用等内容，文字精练、图文并茂，具有较强的理论性和实用性，是一部较全面系统论述抹茶产业的专著，适合从事抹茶生产、科研、教育、应用和营销专业人员阅读参考。

  该著作的出版，对推动我国抹茶产业高质量可持续发展和抹茶全产业链技术进步，将起到积极推动作用。

中国工程院院士 刘仲华

2020 年 4 月

前　言

　　近年来，随着丰富多彩、层出不穷的新式抹茶饮品、食品和日用品流行于市，受到广大80后、90后、00后消费者的喜爱和追捧，我国抹茶生产量和消费量呈现快速增长的趋势。从长远看，一方面抹茶生产能实现茶园管理、鲜叶采摘、碾茶加工、抹茶粉碎、综合利用等全程机械化生产和加工，可以有效缓解茶叶生产劳动力紧缺问题。另一方面，抹茶的消费群体以40岁以下年轻消费者为主，与传统茶叶消费形成了良好的互补，既缓解了茶叶卖难问题，又培养了年轻人吃茶风尚，传承了中华茶叶千年文化，拓宽了茶叶跨界利用空间，具有广阔的发展前景。

　　抹茶生产肥培管理、覆盖栽培、机械采摘、流水线加工、精细化粉碎等技术要求高、范围广，许多从业者一头雾水，较难掌握。为此，我们组织农业农村部抹茶全产业链协同攻关项目负责人和从事抹茶生产、科研、教育及抹茶企业、茶机企业等一线专家和学者编写了此书。本书以农业农村部抹茶全产业链协同攻关项目试验研究成果和抹茶龙头企业实践经验技术为支撑，涵盖了抹茶发展历程、茶园建设、栽培管理、遮阳覆盖、加工工艺、机械装备、品质审评、贮藏包装和多元化利用等配套技术。同时，书后附有抹茶相关专利和抹茶产业记事等。全书内容系统全面，文字通俗易懂，技术新颖实用，编写图文并茂，具有较强的理论性、实用性和科普性，既可作为抹茶从业人员专业技能培训教材，又可作为大专院校茶叶专业师生的参考用书，对全国从事抹茶生产、加工、教育、科研工作者和消费者都具有较好的参考价值和指导作用。

本书的编写，得到了众多单位和个人的大力支持，参阅了许多专家、学者的有关文献资料，在此谨以致谢！

由于笔者知识所限，编著时间短促，书中难免有不当和疏漏之处，恳请广大读者批评指正。

编著者

2020年4月

目　　录

第一章 抹茶发展历程

第一节 中国抹茶的起源

中国是全球最早栽茶制茶的国家，茶叶生产从生煮羹饮到晒干收藏，从蒸青到炒青，再到如今多茶类的共同繁荣，经历了漫长的发展过程。抹茶作为其中的一部分，在我国茶业史上发挥了重要的作用。

"抹茶"，旧称"末茶"，其文字记载最早见于唐代陆羽的《茶经·六之饮》："饮有觕茶、散茶、末茶、饼茶者，乃斫，乃熬，乃炀，乃舂，贮于瓶缶之中。"在这之前，对于末茶并无定义，但在三国和晋朝已有记载将茶叶碾成末用于品饮的制茶方法和饮茶习惯。

三国魏张揖《广雅》（公元227—233年）中有记载："荆巴间采叶作饼，叶老者，饼成以米膏出之。欲煮茗饮，先炙令赤色，捣末置瓷器中，以汤浇覆之，用葱、姜、桔子芼之。"可见当时四川民间就有制饼碾末饮泡之法。

作为目前能见到的最早专门歌吟茶事的诗词类作品，晋代杜育的《荈赋》第一次完整地记载了茶叶从茶树种植、生长环境、采摘时节、劳动场景、烹茶选水、茶具选择直至饮茶效用等全部过程。其中"惟兹初成，沫沈华浮。焕如积雪，晔若春敷"描述了末茶冲泡后所呈现的景象。

东晋十六国北魏拓跋珪时期（公元386年）也有具体史料："蜀鄂间居民制茶成饼烘干，然后捣成碎末，和以水。"可见随着饮茶风俗的传播，当时湖北民间也有了制饼碾末饮泡之法。

到了唐朝，陆羽《茶经》"五之煮"和"六之饮"对末茶的制作、品饮流程均有了详细记载，将末茶与水同煎，即当时盛行的煎茶法。阎立本所绘的《萧翼赚兰亭图》就描绘了唐早期会稽云门寺的煮茶生活场景，图中有一老者手执茶夹，一童子手捧茶碗，在风炉边煮茶，一旁有具列，上置茶碗、茶托、茶碾和茶合（图1-1）。

以上史料说明，抹茶的起源最早可追溯到我国的魏晋时期，而"末茶"的出现，制茶饮茶技艺的逐渐完善则从唐朝开始。

图1-1　萧翼赚兰亭图（局部）

第二节　唐朝时期的抹茶

"碧云引风吹不断，白花浮光凝碗面。"唐代卢仝的诗句记咏了对抹茶的赞美，也描述了唐代抹茶品饮之风潮。唐朝的经济、文化、宗教活动繁荣，茶叶采制、运销、品饮风潮昌盛。据唐代陆羽《茶经》和李肇《唐国史补》（公元806—820年）等历史资料记载，唐代蒸青团饼茶已有50多种。

一、唐朝的抹茶制作工艺

在劳动人民长期的生产实践中，唐朝人民创新发明了蒸青制法，使得茶叶杀青迅速而均匀，提高了茶叶的品质。蒸青技艺的发明，是中国制茶技术史上一大进展，也是如今抹茶生产的核心工艺之一。

唐朝陆羽于上元年初（公元760年）在浙江湖州尝茶品泉、评鉴茶具，著成传世之作《茶经》。《茶经·三之造》记载："晴，采之，蒸之，捣之，焙之，穿之，封之，茶之干矣……自采至于封，七经目。"区别于唐朝之前的生煮羹饮和晒干收藏，陆羽将茶叶自采至封划分为采摘、蒸茶、捣茶、拍压、烘焙、成串、封茶7道工序，其中蒸茶指的就是最早的蒸青工艺，而制成的茶就是当时末茶的主要原料茶饼。

蒸青研磨工艺在唐代皮日休和陆龟蒙的《茶舍》《茶灶》《茶焙》诗中也有诸多记咏。《茶舍》"乃翁研茗后，中妇拍茶歇。"《茶灶》"盈锅玉泉沸，满甑云芽熟。"《茶焙》"初能燥金饼""左右捣凝膏"等，生动描绘了唐代的抹茶的蒸青制茶过程。

二、唐朝的抹茶制作器具

三国时代，制茶饼（团茶）的碾碎工具就已开始应用。唐朝制茶器具已十分详备。《茶经·二之具》专述了5类19种茶叶采制工具，其中2类7种制茶器具和末茶相关。一类是"灶""釜""甑""箅""榖木枝"等蒸茶工具。具体地说，就是没有烟突的灶，有唇口的锅，木制或瓦制的圆筒形的蒸笼，竹制的篮子状的蒸隔，再加一个有三个桠枝的木叉。另一类是捣茶用的"杵""臼"等研磨工具。《茶经·四之器》对"碾""罗""合"等碾茶和筛分器具也分别有了描述（图1-2、图1-3）。炙烤好的茶饼用"碾"碾成茶末。"碾……内圆而外方，内圆备于运行也，外方制其倾危也。内容堕而外无余木。堕，形如车轮，不辐而轴焉。长九寸，阔一寸七分。堕径三寸八分，中厚一寸，边厚半寸。轴中方而执圆。"宁波博物馆收藏一件越窑青瓷茶碾残件，系和义路唐码头遗址出土，原器由碾槽和碾轮组成，现存的残存部分碾槽，碾轮完整，值得注意的是茶碾槽一侧有刻铭文"造此子"，另一侧铭文为"成茶汤"，是一件非常难得的越窑瓷碾标本。碾后的茶末用"罗""合"筛分。"末之上者，其屑如细米；末之下者，其屑如菱角。"当时的"罗"以纱或绢作为筛网，孔眼大，而碾筛后的末茶也为颗粒状。"碧粉缥尘，非末也"，指粗老的茶不能碾成粉状。

图1-2　碾、拂末

图1-3　罗、合、则

三、唐朝的抹茶品饮方式

唐朝饮茶之风盛行，其中以陆羽式煎茶为主。封演《封氏闻见记·饮茶》中有记载："自邹、齐、沧、棣，渐至京邑，城市多开店铺，煎茶卖之。"煎茶指陆羽在《茶经》里所创造、记载的一种末茶烹煮饮法。陆羽《茶经·五之煮》中有详细记述：一是炙茶碾末，"凡炙茶，慎勿于风烬间炙""候炮出培塿，状虾蟆背，然后去火五寸。卷而舒，则本其始，又炙之"，"既而承热用纸囊贮之，精华之气，无所散越，候寒末之。"二是煮水，"其火用炭，次用劲薪"，"其水，用山水上，江水中，井水下""其沸，如鱼目，微有声，为一沸；缘边如涌泉连珠，为二沸；腾波鼓浪，为三沸。"三是煮茶，"初沸，则水合量，调之以盐味"，"第二沸，出水一瓢，以竹夹环激汤心，则量末当中心而下。有顷，势若奔涛溅沫，以所出水止之，而育其华也。"四是斟酌品饮，"凡酌，置诸碗，令沫饽匀。沫饽，汤之华也"，"凡煮水一升，酌分五碗，趁热连饮之。"

陆羽描述的煎茶方式也得到了诸多文人墨客的喜爱与赞颂，卢仝《走笔谢孟谏议寄新茶》诗云："柴门反关无俗客，纱帽笼头自煎吃。碧云引风吹不断，白花浮光凝碗面"；元稹《一字至七字诗·茶》诗云："碾雕白玉，罗织红纱。铫煎黄蕊色，碗转曲尘花"；刘禹锡《西山兰若试茶歌》有云："骤雨松声入鼎来，白云满碗花徘徊"；僧人皎然《对陆迅饮天目茶园寄元居士》诗云："文火香偏胜，寒泉味转嘉。投铛涌作沫，著碗聚生花"；白居易《睡后茶兴忆杨同州》诗云："白瓷瓯甚洁，红炉炭方炽。沫下麴尘香，花浮鱼眼沸。"茶"越众饮而独高"，唐人品饮末茶，已将饮茶从解渴上升成为一种精神上的享受。

第三节　宋朝时期的抹茶

"夫茶之为民用，等于盐米，不可一日无。"到了宋朝，各大都市茶坊林立，制茶和贸易都有了很大的发展，"柴米油盐酱醋茶"，饮茶已成为当时人们日常生活中不可缺少的一部分。

一、宋朝的抹茶制作工艺

与唐朝相比，宋朝整体的制茶工艺并没有太大的改变，但对制茶技艺有了一定程度的研究。为解决茶汁苦涩的问题，宋朝改进制法，通过鲜叶先洗涤后再蒸青，蒸后压榨去除茶汁，然后制饼，从而降低茶叶的苦涩味。赵汝砺《北苑别录》中将当时贡茶制法分为蒸芽、榨茶、研茶、造茶、过黄等工序。但榨去茶汁的制法，实际上降低了茶叶质量，后来逐渐被淘汰。

作为末茶制作过程中的关键步骤蒸青，赵佶、黄儒等对其时间的把控有所记述，《大观茶论》指出："蒸太生，则芽滑，故色青而味烈；过熟则芽烂，故茶色赤而不胶……蒸芽欲及熟而香"；《品茶要录》指出："茶，蒸不可以逾久。久而过熟，又久则汤干而焦釜之气上，茶工有泛新汤以益之。是致熏损茶黄。试时色多昏红，气焦味恶者，焦釜之病也。"蒸青时间不宜过长或过短，在当时是一项较难控制的技艺。

北宋时期末茶由蒸青团茶原料研磨而成。蒸青团茶的工艺流程是采摘一芽一叶初展的芽叶，经拣芽→蒸芽→研茶→造茶→过黄5道工序制成。用来研磨团茶的主要工具叫"碾"。碾磨流程：炙茶→碾茶→罗茶。"炙茶"就是将茶饼放火中烤，至足够干燥。碾后要"罗"，罗是用绢绑紧在竹圈上做成的筛。蔡襄《茶录》（公元1067年）云："罗底用蜀东川鹅溪画绢之密者，投汤中揉洗以幂之。"画绢，是用未脱胶的桑蚕丝织成的不需精练的绢类丝织物，结构紧密，表面平洁，足可印证北宋时期的抹茶之"细"，故能在茶汤中久浮不沉，沫饽咬盏，洁白细腻。苏轼《水调歌头》"轻动黄金碾，飞起绿尘埃。老龙团，真凤髓，点将来。"记咏了碾茶和点茶，绘声绘色，情趣盎然。黄庭坚《奉同六舅尚书咏茶碾煎烹三首》"要及新茶碾一杯，不应传宝到云来。碎身粉骨方余味，莫厌声喧万壑雷。"咏茶之碾，表述茶叶碾碎味道才好，别厌碾时声音嘈杂。

南宋时期末茶制法逐渐改由蒸青散茶碾磨。审安老人《茶具图赞》（公元1269年）记载当时径山的末茶制法已经改团茶为散茶了。蒸青散茶的工艺为鲜叶→蒸汽杀青→摊凉→揉捻→烘干。散茶的研磨工具为"磨"。这种专用茶磨磨细后的末茶显微外形为不规则撕裂状薄片，点茶后能长时间悬浮水中。

二、宋朝的抹茶制作器具

自北宋起，在一些有条件的地方，已应用以水力为动力的水转磨研磨制团饼茶（图1-4）。《宋史·食货志》说："元丰（公元1078—1085年）中，宋用臣都提举汴河堤岸，创奏修置水磨，凡在京茶户擅磨末茶者有禁。"又说："元丰中修置水磨，止于在京及开封府界诸县，未始行于外路。及绍圣（公元1094—1098年）复置，其后遂于京西产滑州

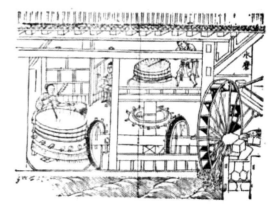

图1-4 水转磨研磨制团饼茶

（今河南滑县）、颖昌州、河北澶州（今河北濮阳县南）皆行之，岁收二十六万余缗。四年（公元1097年），于长葛等处，京索（今荥阳县）、潜水河增修磨二百六十余所。"

唐朝的茶碾多为木制，宋朝对茶碾要求较高，多用银、铁等金属制成（图1-5）。在宋代的诗文中，还提到用黄金和石料制的茶碾，范仲淹的《斗茶歌》中就说"黄金碾畔绿尘飞，碧玉瓯中翠涛起"；梅尧臣的《寄凤茶》诗中则有"石碾破微绿，山泉贮寒洞"之句。这说明人们从实践中已逐步认识到木材不适合制作茶碾了。宋朝赵佶和蔡襄主张用银或熟铁来制作茶碾："碾以银为上，熟铁次之，生铁者，非淘拣槌磨所成，间有黑屑藏于隙穴，害茶之色尤甚""茶碾以银或铁为之。黄金性柔，铜及喻石皆能生鉎，不入用。"宋朝对碾、罗后的末茶颗粒度要求更高，"罗必轻而平，不厌数，庶已细青不耗。惟再罗"，末茶要过筛两次，才能"入汤轻泛，粥面光凝，尽茶之色。"

图1-5　宋朝铁茶碾

三、宋朝的抹茶品饮方式

宋朝与唐朝饮茶方式有较大不同。相比唐朝时期的煎茶法，宋朝开始流行点茶法。根据《茶录》记载："钞茶一钱七，先注汤调令极匀，又添注入环回击拂。汤上盏可四分则止，视其面色鲜白，著盏无水痕为绝佳。"可见，点茶就是将末茶放入茶盏中，分多次注入沸水，并使用茶筅搅拌调制成茶汤的一种末茶品饮方式。《大观茶论》中将点茶分为一至七汤，以最后呈现的茶汤"乳雾汹涌，溢盏而起，周回旋而不动"为佳，其"谓之咬盏。"宋梅尧臣《次韵和再拜》中也指出："烹新斗硬要咬盏，不同饮酒争画蛇。"点茶技艺高超者，被古人称为"点茶三昧手"，指其深得点茶的真谛，最早出现于苏轼对南屏净慈寺谦师点茶技艺的赞美："道人晓出南屏山，来试点茶三昧手。忽惊午盏兔毛斑，打作春瓮鹅儿酒。天台乳花世不见，玉川风腋今安有。先生有意续茶经，会使老谦名不朽。"

在点茶中，汤瓶和茶筅的使用最为关键。汤瓶的材质、大小对茶汤的好坏都有所影响："瓶要小者易候汤，又点茶注汤有准。黄金为上，人间以银铁或瓷石为之"，"瓶宜金银，小大之制，惟所裁给。注汤害利，独瓶之口嘴而已。"茶筅则多为竹制，以竹丝结成束，"身欲厚重，筅欲疏劲。"使用茶筅搅动茶汤的手法称为"击拂"，"妙于此者，量茶受汤，调如融胶。环注盏畔，勿使侵茶。势不欲猛，先须搅动茶膏，渐加击拂。"在赵佶的《大观茶论》中，每一汤中击拂的方式和力度都不尽相同。

点茶在宋朝时的盛行，毫不夸张地说，上自皇帝，下至士大夫，无不好此。《延福宫曲宴记》中写道："宣和二年（公元1120年）十二月癸巳，召宰执亲王等曲宴于延福宫……上命近侍取茶具，亲手注汤击拂，少顷白乳浮盏面，如疏星淡月，顾诸臣曰，此自布茶，饮毕皆顿首谢。"这就是宋徽宗亲自烹茶赐宴群臣的情景。在点茶基础上，为了评比茶质的优劣和点茶技艺的高低，宋朝还开始风行斗茶（茗战）。唐庚在《斗茶记》中写道："政和二年三月壬戌，二三君子相与斗茶于寄傲斋。予为取龙塘水烹之，而第其品。以某为上，某次之，某闽人，其所赍宜尤高，而又次之。"可见约二三好友，烹茶相斗为乐已成为当时的一种常态。

在点茶和斗茶的基础上，又衍生出了分茶这种使茶汤的纹脉形成物象的古代茶艺，成为文人士子把玩的生活艺术（图1-6）。杨万里《澹庵坐上观显上人分茶》生动形象地描述了分茶这门艺术："分茶何似煎茶好，煎茶不似分茶巧。蒸水老禅弄泉手，隆兴元春新玉爪。二者相遭兔瓯面，怪怪奇奇真善幻。纷如擘絮行太空，影落寒江能万变。银瓶首下仍尻高，注汤作字势嫖姚。"陆游也常把玩分茶，淳熙十三年（公元1186年）春写下名篇《临安春

图1-6　分茶（茶百戏）

雨初霁》："小楼一夜听春雨，深巷明朝卖杏花。矮纸斜行闲作草，晴窗细乳
戏分茶。"分茶不仅为文人把玩，在民间也有所流传。周密《武林旧事·卷
三·西湖游幸　都人游赏》中有记载："淳熙间，寿皇以天下养，每奉德寿三
殿，游幸湖山，御大龙舟……至于吹弹、舞拍、杂剧、杂扮、撮弄、胜花、
泥丸、鼓板、投壶、花弹、蹴鞠、分茶、弄水……不可指数，总谓之'赶趁
人'。盖耳目不暇给焉。"民间的赶趁人也习得分茶弄水的技能，向游人表演。

四、宋朝茶类的变革

宋朝茶类变革也是其茶叶发展的一大特点。从南宋开始，末茶的原料生
产开始由团饼为主逐渐向以散茶为主转变。宋朝团饼虽然在产量、产地、加
工技艺方面都达到了一个高峰，但随着饮茶之风盛行，特别是更多的劳动人
民加入饮茶行列，其繁琐的制作工艺和煮饮方式越来越不能满足百姓的饮茶
需求，蒸青散茶的应用随之逐步发展起来。

《宋史》中有记载："茶有二类，曰片茶，曰散茶。片茶蒸造，实卷模中
串之，唯建、剑则既蒸而研，编竹为格，置焙室中，最为精洁，他处不能
造……散茶出淮南、归州、江南、荆湖，有龙溪、雨前、雨后之类十一等，
江、浙、又有以上、中、下或第一至第五为号者。""片茶"指的是团饼一类
的紧压茶，而"散茶"则指蒸而不碎、碎而不拍的蒸青茶和末茶。"自建茶入
贡，阳羡不复研膏，只谓之草茶而已。"宋朝的一些茶叶产地，包括唐朝专门
采造贡茶的宜兴、长兴一带，自不再作贡时，也适应社会需要，改造团饼为
生产散茶了。

五、宋朝抹茶的东传

日本镰仓时代，日僧荣西两次入宋，学习禅法。在此期间，荣西深受宋
朝饮茶文化影响，经常考察种茶制茶技术及民间饮茶习俗，学习宋朝的饮茶
文化。南宋绍熙二年（公元1191年）7月，荣西领得法衣和祖印，返回日本，
将带回的天台云雾茶籽，播种于肥前（今佐贺县）背振山和博多的安国山。
还将茶籽赠给山城国明惠上人，明惠播种于栂尾山（今宇治）。今日本平户市
富春庵后一块茶园，即为荣西最初种植从中国天台山带回茶种之地，立有
"荣西禅师遗迹之茶田"石碑。荣西还根据自己在宋朝的所见所闻编撰了日本
第一本茶著作——《吃茶养生记》，记述了茶的药用价值和末茶的点茶法。此
书的问世，为日本茶文化的诞生开辟了先河，也为日本茶道的形成奠定了基
石。荣西也因此被尊称为"日本茶祖"。

南宋时期径山茶宴的传入对于日本茶道的形成也具有重要意义（图1-7）。

南宋理宗端平二年（公元1235年），日僧圆尔辨圆入宋，历访天童寺、天竺寺、净慈寺、灵隐寺等名刹。后登径山，继无准师范之法嗣。淳祐元年（公元1241年）嗣法而归，带去径山茶的种籽，栽种在故乡静冈县安倍郡足久保村。圆尔从径山带回一册《禅苑清规》，以此为蓝本制订《东福寺清规》，其中就有仿效径山茶宴仪式的茶礼。南宋开庆元年（公元1259年），圆尔辨圆同乡日僧南浦绍明入宋，先后参谒名刹，后至净慈寺，依虚堂智愚为师。咸淳元年（公元1265年）虚堂奉诏主径山，随同上山。咸淳三年，南浦绍明得虚堂的亲笔偈文回国，并带回七部茶典和一套点茶用具。据日本《类聚名物考》明确记述："茶宴之起，正元（公元1259—1260年）年中，筑前国崇福寺开山南浦绍明，入唐时宋世也，到径山寺谒虚堂，而传其法而饭。时文永四年也，绍明饭时，携来台子一具，为崇福寺重器也。后其台子赠紫野大德寺，或云天龙寺开祖梦窗，以此台子行茶宴焉。故茶宴之始自禅家。"

图1-7　余杭径山茶宴

经过数百年的发展，如今的日本茶道可分为"抹茶道"和"煎茶道"。其中的抹茶道，就是荣西禅师将宋朝制茶饮茶技艺学成后带回日本，经村田珠光、武野绍鸥、千利休等多位日本茶师完善，将日本独特的文化融入其中而创立。尤其是千利休，被尊称为日本茶道的集大成者，在前人的基础上提炼出了自己的茶道美学——和、敬、清、寂，对日本茶道影响深远。

第四节　元朝时期的抹茶

"碧玉瓯中思雪浪，黄金碾畔忆雷芽。"耶律楚材茶诗描绘了元代品茶之风。据马端临《文献通考》记载，元代茗茶、末茶和蜡茶有40余种。

一、元朝的抹茶制作工艺

元朝末茶的制作，除了有部分延续宋朝制成团饼后碾细的末茶，大部分是不制成团饼，通过"焙芽令燥，入磨细碾"制成的末茶，与如今的抹茶制法最为接近。《王祯农书》对其制作工艺作了较为详细的记录：茶叶采摘以"清明谷雨前者为佳，过此不及"；采完后，"以甑微蒸，生熟得所。蒸已，用筐箔薄摊，乘湿略揉之，入焙，匀布火令干，勿使焦。编竹为焙，裹箬覆之，以收火气"。然后将通过蒸青、揉捻、烘干制得的蒸青绿茶"入磨细碾，以供点试。"

二、元朝的抹茶制作器具

元代作为末茶制作器具的水转磨，规模比宋代更大，制作更为精细。《王祯农书》记载："水转连磨……须急流大水，以凑水轮……中列三轮，各打大磨一盘，此磨既转，其齿复傍打带齿二磨，则三轮之功，互拨九幕。其轴首一轮，既上打磨齿，复下打碓轴，可兼数碓……常到江南等处，见此制度，俱系茶磨，所兼难具，用热茶叶，然后上磨。"

三、元朝茶类的变革

元朝时期，散茶逐渐超过团茶、饼茶，成为主要的生产茶类，"民间止用江西末茶、各处叶茶"，制作简易化的末茶和直接饮用的叶茶大为流行。元朝的《王祯农书》和《农桑衣食撮要》等农书中，对制茶方面的记载，主要介绍了叶茶和末茶等散茶，很少介绍或者不再提到团茶、饼茶的制作方法。

《王祯农书》将当时的茶叶分成"茗茶""蜡茶"和"末茶"3种，其中"蜡茶最贵，而制作亦不凡"，所以"此品惟充贡献，民间罕见之。"这也反映出元朝茶类生产方式的变革，是顺应多数消费者降低成本、简化制茶、减少烹饮手续需要的一种自然发展。团茶、饼茶在元朝主要充当贡品，而民间大多数的百姓主要采制和饮用叶茶或末茶。马端临《文献通考》也有记载："茗有片、有散，片即龙团旧法，散者不蒸而干之，如今之茶也。"道士冯道真壁画墓中出土的《童子侍茶图》壁画也反映了元朝民间的饮茶习俗，画中宋朝的点茶器具如碾、罗、风炉、汤瓶等均不见踪迹（图1-8）。

图1-8 童子侍茶图（局部）

四、元朝的抹茶品饮方式

蒙古族入主中原后，随着游牧民族和汉族人民的生活方式相互影响浸染，末茶的品饮有了新的方式。当时，茶饮中，特别是朝廷的日常饮用中，在末茶中添加辅料，已经相当普遍。

元饮膳太医忽思慧所著的《饮膳正要》中记载了元朝多种名茶的名称和饮用方式。有将药材与茶相混合的"香茶"，将白茶、龙脑、百药煎、麝香按一定比例"同研细，用香粳米熬成粥，和成剂，印作饼"；有混入炒米制成的"玉磨茶"，"上等紫笋五十斤，筛筒净，苏门炒米五十斤，筛筒净，一同拌和匀，入玉磨内，磨之成茶"；有"兰膏""酥签"等酥油茶，"兰膏，玉磨末茶三匙头，面、酥油同搅成膏，沸汤点之""酥签，金字末茶两匙头，入酥油同搅，沸汤点服"；还有不混合辅料的"建汤"，"玉磨末茶一匙，入碗内研匀，百沸汤点之。"元朝末茶的品饮，一方面继承了宋朝时期的点茶法，另一方面，也结合自身民族的特色，加入各种药材和食材，调和饮用。

相对于调和茶，元朝的一些文人，特别是由宋入元的汉族文人，延续了宋朝时期的点茶传统，钟情于茶的本色本味。赵孟頫虽仕官元朝，但他画的《斗茶图》依然是一派宋朝时的景象（图1-9）。契丹文学家、政治家耶律楚材爱茶，其诗中有咏饼茶者，如"积年不啜建溪茶，心窍黄尘塞五车。碧玉瓯中思雪浪，黄金碾畔忆雷芽。卢仝七碗诗难得，谂老三瓯梦亦赊。敢乞君侯分数饼，暂教清兴绕烟霞"；也有咏末茶者诗，如"玉屑三瓯烹嫩蕊，青旗一叶碾新芽"等。

图1-9　元代赵孟頫《斗茶图》（局部）

第五节　明朝时期的抹茶

宋元时期茶类的变革，为明朝开始的散茶大生产奠定了基础。相比于日本安土桃山时代日本抹茶的兴盛，洪武二十四年（公元1391年），明太祖朱元璋发布诏令，废团茶，兴叶茶。如《徐冬序录摘抄内外篇》所载："国初建宁所进，必碾而揉之，压以银板，为大小龙团，如宋蔡君谟所贡茶例，太祖以重劳民力，罢造龙团，一照各处，采芽以进"，从此贡茶由团饼茶改为芽茶（散叶茶），各类叶茶、芽茶的名品不断涌现，末茶的制作和饮用逐渐减少。

明邱濬《大学衍义补·卷二九》有载："元世祖至元十七年……其茶有末茶，有叶茶……然唐宋用茶，皆为细末，制为饼片，临用而辗之，唐卢仝诗所谓'首阅月团'、宋范仲淹诗所谓'辗畔尘飞'者是也。《元志》犹有末茶之说，今世惟闽广间用末茶。而叶茶之用，遍于中国，而外夷亦然，世不复知有末茶。"这是对末茶发展历史很好的概述。

末茶在明朝的消亡，不是一蹴而就的过程，是经历宋元时期茶类的转变过渡，顺应市场需求的过程。无论是茶叶的直接冲泡法还是炒青制法，都在明朝之前就已出现。

茶叶的直接冲泡饮法，在隋唐甚至更早的时期就已经出现，但在当时并不流行。到了元朝，受少数民族饮茶风格的影响，品茶向简约、返璞归真的方向发展。《王祯农书》对于"茗茶"的描述就是"凡茗煎者择嫩芽，先以汤泡去熏气，以汤煎饮之，今南方多效此。"《饮膳正要》中也有记载："清茶，先用水滚过滤净，下茶芽，少时煎成。"元朝时期的散曲和诗歌中也常提及"煮茶芽"，如卢挚的《蟾宫曲》："有客来，汲清泉，自煮茶芽"；马致远的《马丹阳三度任风子》："石鼎内烹茶芽，瓦瓶中添净水。"可见，散茶的直接冲泡饮法在元朝民间已广泛流行。而炒青制法在唐朝时期就有所记载，刘禹锡《西山兰若试茶歌》有"斯须炒成满室香，便酌砌下金沙水"，说的就是炒青茶。南宋曾任中书舍人的朱翌在《猗觉寮杂记》中说："唐造茶与今不同，今采茶者，得芽即蒸熟焙干，唐诗旋摘旋炒。"可见，唐朝除了发明蒸青制法以外，已有炒青制法的萌芽，不过此法并没有在唐宋时期广为流行。到了元朝，炒青制法才开始在民间广泛流传，《饮膳正要》中有记载："炒茶，用铁锅烧赤，以马思哥油、牛奶子、茶芽同炒成。"

从贡茶的角度来看，末茶的兴衰还与统治阶级的意志密不可分。末茶的原料团茶、饼茶无论是在唐宋时期，还是在散茶兴盛的元朝，都被作为皇室贡品，受到了统治阶级的喜爱，自然而然民间也得以记载与流传。而明太祖朱元璋废团茶、兴叶茶，这种自上而下的政策的变革对当时民间饮茶风俗产生了巨大的影响。朱元璋的诏令虽然没有直接废除末茶，由元朝流传下来的末茶制法依然存在，但随着叶茶、芽茶的兴盛，以及之后的炒青的流行，末茶的制作与品饮已不再适应当时的饮茶潮流，远离了百姓的日常生活，其文字记载也变得越来越少，直至"世不复知有末茶。"

第六节 当代的中国抹茶

新中国成立之后，在党和政府的高度重视下，中国的茶园面积、茶叶产量、茶叶产值快速增长，茶叶产业得以传承复兴。改革开放以来，名优茶蓬勃发展，龙井茶、普洱茶、铁观音、老白茶、工夫红茶等特色茶类轮番主导国内消费市场，以蒸青茶为基础的抹茶产业也得以快速发展。

13

一、蒸青茶的恢复生产

当代中国抹茶的发展，可以从蒸青茶在国内恢复生产开始说起。1972年中日恢复邦交的翌年，中国茶叶公司从日本进口蒸青茶生产线6条，分别布置在浙江（2条）、江西（2条）、安徽、福建4省。但是，由于茶园肥培水平和制造技术跟不上，产品质量不能满足日本市场需求，各地相继停产。唯有浙江省设在杭州茶叶试验场的蒸青茶生产线在浙江省茶叶公司的支持下，坚持继续生产。当时年产销在50t左右。

到了20世纪80—90年代，随着茶叶市场的逐步开放，蒸青茶出口日本产生了较好的经济效益，产量持续上升。在浙江，蒸青茶得到了快速发展，到2000年，浙江省已有蒸青茶加工厂25家、生产流水线41条，年产量7 880t，产值超1.5亿元，分别占全省茶叶总产量、总产值的7.2%和6.6%。随着蒸青茶的大量出口，浙江茶业与日本茶业交流大量增加，日本抹茶产业的成功发展经验以及抹茶作为食品营养和风味添加剂的功效和前景，被浙江茶叶同仁广泛认可，浙江长兴英特茶叶有限公司、杭州三明茶叶有限公司等开始试产抹茶。

二、抹茶的探索发展

进入21世纪，随着国内外抹茶需求增加，抹茶生产在全国各地开花，浙江、江苏、贵州、湖北、河南、山东、安徽、湖南等省都有生产。2003年9月，浙江省茶叶产业协会蒸青茶分会成立大会在杭州市瓶窑大厦召开，浙江省从事蒸青茶行业的各个市场主体从各自为战、自我发展，走向共同面对市场、协调发展的新阶段。2004年，原浙江省茶叶公司（现浙江省茶叶集团股份有限公司）在浙江省金华市武义县建设全国第一条碾茶（抹茶原料）生产线，开始碾茶商品化生产，当时的碾茶主要以出口日本为主。2006年，随着"好丽友"等食品企业在口香糖、糕点中添加抹茶，以绍兴御茶村为龙头的茶企调整抹茶销售市场由出口为主转为内销为主，开始了抹茶的规模化生产。同年，中国留日学者在上海创办宇治抹茶（上海）有限公司，研发多种抹茶设备，致力于中国抹茶的生产推广。

三、抹茶的快速发展

高标准抹茶生产茶园的规范建设，加工设备、生产线的成功研发，生产关键技术的全面突破，为我国抹茶产业的兴盛打下了坚实的基础。2014年，星巴克、喜茶等开发新式抹茶饮品风靡市场，引起了一场抹茶消费的热潮。

在品牌包装和社交媒体的大众化传播作用下，抹茶清新的色彩，独有的芳香，微苦回甘的独特口味，迅速成为美食爱好者的打卡必备，尤其在年轻人群体中得到广泛认可。在短短的3年时间里，国内一线城市涌现出無邪、宇治、西尾、甘兔庵、关茶、MATCHART等90多个不同风格、不同定位的抹茶专卖店品牌，开出近500家门店，抹茶消费快速兴起。特别是2016年以来，抹茶生产海外采购订单大量增加，抹茶在食品领域使用量剧增，抹茶从"喝"转向"吃"，如抹茶饼干、抹茶蛋糕、抹茶月饼、抹茶牛轧糖等抹茶加工类食品开发层出不穷，促发了对原料需求强力拉动。同时，抹茶应用领域不断拓展，进一步向"用"的方向拓宽，抹茶被日用品、保健品、化妆品、药品等行业所接受和利用。

四、抹茶发展的展望

在抹茶产业快速发展的同时，随着人民生活水平的不断提高，对抹茶产品质量也提出了新的要求，行业标准制订、市场规范管理、先进生产设备、生产技术研发、多元化综合利用被提上日程。

2015年，农业部发布实施《茶粉》（NY/T 2672—2015）农业行业标准，在一定程度上推进了抹茶标准化生产和产业化进程。

2016年，浙江省绍兴市富盛镇开工建设抹茶小镇。小镇规划3.6km²，以绍兴市御茶村茶场为核心，以延长抹茶产业链为重点，建设融文化旅游、观光体验、茶史博览、运动休闲、娱乐度假为一身的魅力小镇。

2017年，贵州省贵茶集团在贵州铜仁投资建设世界级抹茶生产基地，打造世界抹茶超级工厂，实现欧标抹茶智能量产，以欧盟食品安全标准与日本传统工艺相结合，生产高品质欧标抹茶。

2018年，浙江省组织《高品质功能性超微茶粉（抹茶）产业化配套技术研究与集成推广》农业农村部重大协同攻关项目研究与示范，围绕抹茶品种筛选、栽培管理、遮阳覆盖、机械化采摘、连续化加工、加工装备研发、食品化利用等开展研究，提出了中茶108（特早生）、龙井43（早生）、薮北（中生）、奥绿（晚生）的抹茶园品种搭配方案，制定了《抹茶生产技术规范》《抹茶加工技术规范》（DB33/T 2276-2020）《抹茶审评技术规范》（DB33/T 2279-2020）等省地方标准，研发了国产化全自动智能化碾茶生产线和抹茶装备，提高了抹茶产品质量，拓宽了抹茶应用市场。

2018年，《抹茶》国家标准（GB/T 34778—2017）正式实施，对抹茶的术语、定义、要求、试验方法、检验规则、标志、标签、包装、运输与贮存等都作出了规定。国家标准的实施有效推动了我国抹茶的标准化生产、加工和销售，引领了我国抹茶行业的规范化发展。

2019年，浙江红五环制茶装备股份有限公司首条国产化全自动碾茶生产线和抹茶装备研制成功，标志着碾茶生产线国产化已成为现实，给全国碾茶产业发展带来新的科技动能。由浙江红五环制茶装备股份有限公司、浙江省农业技术推广中心和绍兴御茶村茶叶有限公司等共同研发的"6CSN-400全自动碾茶生产线"被浙江省经济和信息厅、浙江省财政厅评审确定为2019年浙江省精品制造产品，2020年浙江省装备制造业重点领域首台（套）产品，并获第四届浙江省农业机械科学技术奖一等奖。

2019年，浙江、贵州、湖北等省举办了10余场国际抹茶市场发展论坛、中国抹茶大会、中国有机抹茶发展论坛、中国抹茶加工装备与产业发展论坛、中华茶奥会抹茶食品大赛等国际和国内抹茶活动，"中国抹茶之都""中国抹茶之源""中国有机抹茶之乡"等相继授牌，抹茶产业发展热度持续提升。

在国家、行业部门、地方政府的高度重视下，在国内诸多抹茶企业的共同努力下，中国抹茶产业从恢复到探索再到快速发展，未来正朝着更高品质、更加绿色、更可持续的方向前进，抹茶产业繁荣兴旺的局面可期。

第二章　抹茶园建设

　　茶树是多年生作物，最佳采收季节长达几十年。抹茶园因其覆盖、采摘标准更为严格，对茶园基础设施要求更高。因此，选择好园地，高标准规划、开垦和种植，以及改善茶园环境条件、建好茶园基础设施，是建设丰产优质抹茶园的基础和前提。抹茶园建设必须坚持高标准、严要求，力求做到"五个化"：（1）茶山园林化。要因地制宜，全面规划，充分利用已有的自然条件，山、水、田、林、路综合考虑，专业种植，茶园成片，路沟旁边种植花木，茶园四周营造防护林，美化茶园环境，建立生态茶园。（2）茶树良种化。根据抹茶的产品特色和要求，充分考虑茶树良种在品质方面的综合效应，淘汰不良品种，新种和改植适宜新品种，提高良种化水平。（3）园地水利化。做好茶园的水土保持工作，积极兴修水利工程，特别是要重视茶园的喷滴灌设施建设，提高夏秋季抹茶生产水平。（4）生产机械化。基地的规划设计和茶厂布局等，一定要能适应机械化作业的要求。（5）栽培科学化。重视改土、改树、改管技术的应用，采取综合措施，防控病虫草害，达到高产优质的目标。抹茶园的建设内容主要包括基地选择、园地开垦、基础设施建设、品种选择和种植。

第一节　抹茶园规划

　　新建抹茶园基地必须考虑选择在适宜茶树生长的环境条件下，以水土保持为中心，综合考虑以下几个方面的因素。

一、气候条件

　　抹茶生产基地要求年平均温度在13℃以上，活动积温3 500℃以上，大气相对湿度以80%～90%为好，年降水量1 500mm左右，生长期间的月降水量

100mm 以上。

二、生态环境

抹茶园的产地环境必须符合中华人民共和国农业行业标准 NY 5020—2001《无公害食品　茶叶产地环境条件》中对空气、土壤和灌溉水质量等自然条件的要求。抹茶园应远离工厂，与公路或周边其他作物地块有一定距离或建有隔离带，防止带来污染。此外，还应考虑水源、交通、劳动力和茶厂设置等条件是否具备。

三、土壤条件

土壤是茶树立足之所，茶园土壤条件包括化学、物理和生物 3 个方面：一是土壤的化学环境要求呈酸性或弱酸性，pH 值在 4.5 ~ 6.5 最为有利。一般长有映山红、铁芒萁（狼萁）、马尾松、杉树、油茶等酸性指示植物的土壤均可种植，但正式选定时仍应测定 pH 值。二是土壤的物理条件，主要是土层深度，一般要求表土层的厚度达 20 ~ 30cm，心土层 40cm 左右，土壤通透性良好，蓄水保水能力强，渗水性能好，地下水位在 80cm 以下。三是土壤有机质丰富，营养成分多，保肥能力强，生物活性好，微生物和动物数量多、种类丰富；重金属元素含量应低于 NY 5020—2001《无公害食品　茶叶产地环境条件》规定的限值。

四、地形地势

宜选择坡度在 25°以下的丘陵或山地缓坡地带建抹茶园（图 2-1），而以坡

图 2-1　缓坡地带抹茶园

度3°~15°最为适宜。坡度过大不仅建园成本高，茶园管理也不方便，一般不宜建园。坡向对茶树生长也有较大的影响，与阴坡相比，阳坡阳光充足、温度高，茶园春季茶芽萌动比阴坡早，且冻害比阴坡轻；因此，特别是海拔较高的地方，应尽量选择背风向阳的南坡种茶。山顶由于土地瘠薄，开垦后易致水土流失，一般不宜建园。一些低洼地、水库山塘下方的地块，容易发生地表径流和地下水汇集造成湿害，不宜种茶。

第二节　抹茶园开垦

抹茶园开垦前要进行规划设计，重点是根据地形和生产需要规划好各级道路、水利系统布局，做到以水土保持为核心统筹规划、合理布局，便于茶园管理。

根据规划设计要求按地块逐步进行开垦。茶园开垦前应清理地面的柴草、树桩、乱石、坟墩等，开垦深度应在50cm以上；如表土层有隔离层，应将隔离层彻底捣碎，以防积水，影响根系生长。根据生产实践，地面清理重点要注意3个方面：一是要处理好柴根和多年生的草根，防止复生；二是要尽量保留园地路沟旁原有的树木；三是整理土壤时注意不要打乱原有的土地层，保证有足够的合适表土用于种植茶树。

新茶园开垦一般采用挖掘机挖掘（图2-2），以节约劳动力。

图2-2　挖掘机开垦新茶园

一、平地、缓坡地开垦

平地及坡度在15°以下的缓坡地，应沿等高线横向开垦，以使坡面相对一致。平地的开垦方法比较简单，如果是熟地，经过深翻平整即可划行种植，但如果先期作物是茶树，一定要先采取根结线虫病的预防措施。缓坡地在开垦时应由下而上，按横坡等高进行。开垦时可将上一级的表土翻下来铺于面上，然后再开垦第二级，并再将上一级表土翻下，依次类推。最上一级的表土可从隔离沟中挖取。

生荒地分初垦和复垦，初垦深度在50cm左右，应将柴根等清出园外，不必整碎土块，以利蓄水；复垦应在茶树种植前进行，深度一般在25～30cm，碎土平整，以利划行种植。

二、陡坡地开垦

对于坡度在15°～25°的山坡地，应修筑梯坎，垦成水平梯级茶园。梯坎尽可能做到等高、环山、水平，大弯随势，小弯取直，外高内低，外梗内沟，梯梯接路，沟沟相通。

梯面宽度视坡度不同应有所区别，一般坡度较小的，可修筑宽幅梯田坎，梯面也不必整成水平，茶行可顺坡基本等高布置；坡度较大的则应修成窄幅水平梯坎。

梯壁主要有石坎、泥坎和草皮坎3种。具体采用哪种方式要根据实际情况而定，一般来说以筑坎材料能就地取材为原则。几种梯坎以石坎为最好，但工本大。一般坎的高度为1.0～1.5m，尽量不要超过1.5m，倾斜度在75°左右。

梯坎修好后，进行梯面平整。一般可先选择一个不挖不填的地点作为开挖点，然后据此取高填低，填土的部分要略高于取土部分。梯面内侧应挖竹节沟，以便蓄水、保土。

第三节　基础设施建设

为使抹茶园实行现代化生产并保持良好的生态环境，在规划和实施时要十分重视茶园基础设施建设。抹茶园基础设施建设主要包括道路系统、排灌系统和防护林系统3个方面。

一、道路系统

为便于物资运输，方便机械化作业，要在抹茶园建立道路系统。道路系统应遵循节约用地、便于生产、降低投入的原则，因地形地貌特点规划建设，并与园地开垦和排灌设施建设相结合。标准化抹茶园应建立完整的道路网，包括主干道、支道、操作道和地头道，以茶叶加工厂为中心，各区块茶园要有道路相通，形成用于运输和茶园管理的主干道、支道、操作道相互连接的道路网。

（一）主干道

一般60hm²以上的茶园要设主干道。主干道应连接茶厂、园外公路。主干道路面宽8～10m，以两辆车能交会通过为原则。地形起伏较小的地段，可沿垄背修筑；地势较陡的地段宜在山腰偏下位置修建。主干道两旁栽植行道树、修筑排水沟。

（二）支道

支道是农机具和小型运输车辆行驶的通道。支道应与主干道相连接，能适应运输、耕作、采摘等机械化生产的需求，因此要贯穿整个茶园。一片茶园中一般每隔300～400m设1条支道，路面宽4m左右。支道要尽量与主干道垂直，与茶行平行。支道旁要开出排水沟，根据情况植树。

（三）操作道

操作道是通向各块茶园的道路，主要用于进园作业和运送肥料、鲜叶等物资，要按照方便操作人员进出的原则设置，与主干道和支道相接，一般每隔50～80m设1条（图2-3）。操作道路面宽2m左右，以一辆拖拉机能出入为原则。梯式茶园每隔若干梯层设一横操作道，每隔一定距离设一直操作道。设在茶园四周的操作道还能起到隔离茶园和防止水土流失的作用。

图2-3　操作道

21

（四）地头道

地头道主要为作业机械调头所用，一般每块茶园两端都要设置地头道，宽度以茶园作业机械能灵活调头为原则，路面能适应机械通行即可。如果主干道和支道可利用的，则不需再设地头道。

二、排灌系统

排灌系统具有保水、供水和排水三方面的功能。建设茶园时，要设置好排灌系统，结合道路系统把沟、渠、池、库等统一规划安排，最大限度地发挥降水效益，满足灌溉用水的需要。排灌系统主要包括主沟、支沟和隔离沟。

（一）主沟

起到连接茶园内外水流交换的作用（图2-4）。平地茶园的主沟沿干道、支道平行开设，梯级茶园应与支道和步道相结合。主沟的深度和宽度要根据流水量和土质情况而定，一般沟深和沟底宽各为0.4～0.5m，沟内每隔一定距离用石块砌成拦水坝，利于减缓水流速度，拦积泥沙。

（二）支沟

支沟以蓄水为主，排出多余的雨水（图2-5）。平地茶园沿步道两侧开沟，坡地茶园在直步道两侧和横步道内侧开沟，沟宽、深各为0.2～0.3m，每隔3～5m挖一小水潭，以积蓄雨水，缓和急流，减少水土流失。

图2-4　主沟

图2-5　支沟

（三）隔离沟

茶园与森林或荒地交界处、茶园的边缘，设深0.5m、宽0.6m，沟壁为60°倾斜的隔离沟，以拦截大雨天气时出现的洪水，防止林木、竹、杂草的根系侵入茶园。条件许可时，每1～2hm²茶园建一容积为5～8m³的蓄水池，一般设在纵沟及横沟的出口处，或设在排水不良的积水处。在每条主沟、支沟和隔离沟的拐弯处应开设沉积坑，坑内的淤泥要及时清理还园。

设置水利系统时，要尽量保留原有的塘、池，贮水、输水和提水设备要紧密连接，建设的水利设施不得妨碍茶园作业机械行驶。

三、防护林系统

茶园的防护林主要是用来防御和减轻冻害、风害等自然灾害的影响，同时改善茶园的生态环境，调节小气候条件，美化茶园景观。防护林系统的建设要根据当地的实际情况有所侧重。对冻害、风害等不严重的茶园，应以经济林、水土保持林或风景林为主。树种的选择一般以速生、防护作用好、适宜当地自然条件的品种为宜，做到乔木与灌木结合、常绿与落叶树种结合，适当配植花木和色叶树种，增强防护林的观赏性，建设美丽茶园。

（一）防护林带

以抗御自然灾害为主的林带，一般设立在茶园的迎风口，挡风面应与冬季主流风向垂直（图2-6）。要求林带结构紧密，宽度15m左右。防护林带树种可选用杉树、松树、樟树、桂花、杨梅等常绿树种，以提高冬季的防护效果。在低山丘陵地区，植被一般相对较少，应根据立地条件围绕茶园多植树木，既能起到防护林的作用，更可改善环境，调节茶园的小气候条件。

图2-6　防护林带

（二）行道树

在茶园范围内的道路、沟渠两旁及茶厂四周，应种植树木作为行道树，以美化环境，保护茶树（图2-7）。一般采用乔木和灌木相间种植的方法（选择落叶树种为宜），按一定距离栽植于主干道和支道及沟渠两旁，建筑物和池、塘周边也应配植树木花草。为了提高茶园生态和经济效益，行道树可选用梨、柿、梅、枇杷和板栗等树木，既能发挥对茶园一定的遮阴效果，有利于改善茶园小气候条件，减轻晚霜和热害的影响，又能适应休闲观光的要求，增加经济效益。

图2-7　行道树

第四节　适制抹茶良种

茶树品种是影响抹茶品质的重要因素之一。不同品种加工的抹茶，因形态特征和生化成分不同，其品质存在较明显的差异。因此，抹茶园建设选择品种十分重要。同时，选用品种还应考虑茶园的小气候、土壤肥力条件等，并应注意早、中、晚品种合理搭配。根据多年的试验和实践，以下茶树品种比较适合抹茶生产。

一、国内选育良种

（一）中茶108

由中国农业科学院茶叶研究所选育而成。该品种属灌木型，中叶类，叶片呈长椭圆形，叶色绿，叶面微隆，叶尖渐尖，树姿半开张，分枝较密。特点是发芽特早（图2-8）。芽叶黄绿色，茸毛较少，育芽力强，持嫩性好，抗寒性、抗旱性、抗病性均较强，春茶一般在3月上旬萌发，产量高。适制抹茶和名优绿茶。

（二）龙井43

由中国农业科学院茶叶研究所从龙井群体种中单株选育而成的国家级茶树良种（图2-9）。灌木型，中叶类，树姿半开张，分枝密。品种特点是发芽早，春芽萌发期一般在3月上中旬，一芽三叶盛期在4月中旬；发芽密度大，育芽能力特强，芽叶短壮，茸毛少，耐采摘，抗寒性强，抗旱性稍弱，持嫩性差，适制绿茶，尤其适制抹茶和扁形名优绿茶。栽培上宜选土层深厚、有机质含量高的土壤，秋、冬季适当增施有机肥，生产季节增加采摘批次，注意预防早春晚霜危害。

图2-8　中茶108

图2-9　龙井43

（三）春雨1号

由浙江省武义县农业局从福鼎大白茶中选育而成（图2-10）。植株中等，树姿半开张，分枝密，中叶类，叶片椭圆形，稍上斜，叶色绿，叶面稍隆起，叶身平，叶缘微波状，叶尖钝尖。品种特点是特早生，浙中一带春茶开采期一般在2月底3月初，比福鼎大白茶早4～14天，比嘉茗1号迟1～2天。育芽能力强，芽肥壮、茸毛中等、持嫩性好，抗逆性较强。该品种发芽特早，产量高，

图2-10　春雨1号

适制抹茶和名优绿茶。

（四）浙农117

由浙江农业大学从福鼎大白茶与云南大叶种自然杂交后代中采用单株选育而成（图2-11）。小乔木型，中叶类，品种特点是发芽早，一芽一叶开采期在3月中旬，与迎霜同期，育芽能力强，芽叶绿色，茸毛少，抗寒性、抗旱性强，适制抹茶、名优绿茶和红茶。

（五）龙井长叶

由中国农业科学院茶叶研究所从龙井群体种中单株选育而成（图2-12）。灌木型，中叶类，树姿较直立，分枝较密。品种特点是发芽早，春季一芽一叶开采期在3月底，一芽三叶盛期在4月中旬；发芽密度大，育芽能力强，持嫩性好，芽叶黄绿色，茸毛较少，抗寒性强，产量较高，适制抹茶和其他绿茶，尤其适制龙井等扁形茶。该品种树势较直立，可适当密植，幼龄期适当压低定型修剪高度。

图2-11　浙农117

图2-12　龙井长叶

（六）浙农139

由浙江农业大学选育而成（图2-13）。品种特点是发芽特早，春季一芽一叶开采期一般在3月上旬，较乌牛早品种稍迟，芽叶短小、肥壮、深绿色，茸毛尚多，芽叶生育能力强，持嫩性强，抗寒性、抗旱性均强，但抗病性较差。产量高，适制抹茶和名优绿茶。宜种植在土层深厚的园地和海拔高度相对较低的地区。

（七）浙农113

由浙江农业大学从福鼎大白茶与云南大叶种自然杂交后代中选育而成的国家级无性系良种（图2-14）。小乔木型，中叶类，树姿半开张，分枝较密。

品种特点是发芽早，春季一芽一叶开采期一般在3月下旬至4月初，发芽整齐，芽叶短小、肥壮；茸毛较多，育芽能力强，持嫩性好；单产高，适制抹茶和名优绿茶；抗旱性、抗病虫性强，抗寒性特强，适宜在海拔较高的山区茶园种植。

图2-13 浙农139

图2-14 浙农113

（八）翠峰

由杭州市茶叶科学研究所从福鼎大白茶与云南大叶种自然杂交后代中选育而成的国家级无性系良种（图2-15）。小乔木型，中叶类，树姿半开张，分枝较密。品种特点是发芽尚早，春芽萌发期一般在3月中下旬，一芽三叶盛期在4月中旬；中芽种，发芽密度大，育芽能力强，芽叶肥壮，茸毛特多，抗寒性、抗旱性强，产量高；适制抹茶和毛峰形名优绿茶。应适时嫩采，栽培上应加强苗期管理，适当增施肥料。

图2-15 翠峰

（九）平阳特早茶

由浙江省平阳县农业局从当地群体种中单株选育而成（图2-16）。品种特点是发芽特早，春季一芽一叶开采期一般在3月上旬，芽叶生育力强，持嫩性强，发芽整齐，节间较短，茸毛少；抗逆性强，产量高；适制抹茶和名优绿茶，品质优良，尤其是香气特高，色泽黄中带绿。但春季制龙井茶芽叶较瘦薄。栽培上茶树施肥要比一般茶园提前，适宜于春茶采制后修剪，不宜于秋冬修剪，应及时分批采摘。

（十）迎霜

国家级茶树良种（图2-17）。发芽早，春芽萌发期一般在3月上中旬，一芽三叶盛期在4月中旬；长势旺盛，育芽能力强，生长期特长，"霜降"时仍可采茶；持嫩性好，茸毛较多；抗逆性稍弱，产量高，红、绿茶兼制，适制抹茶和名优绿茶。栽培上宜适当密植，压低定型修剪高度，夏、秋季适当增施肥料，早春注意预防晚霜危害，加强对叶螨类与茶芽枯病的防治。

图2-16　平阳特早茶　　　　　　　　　　图2-17　迎霜

二、国外引进良种

（一）薮北

薮北种是日本从中国传入的茶树品种中选育出来的茶树品种（图2-18）。薮北之名据说来自于冈县有渡郡有度村（1896年变更为安倍郡，现为静冈市骏河区）的农家杉山彦三郎（公元1857—1941年），他在1908年（明治四十一年）将自己所有的竹林开辟为茶园（现骏河区中吉田41番附近），并从中选拔出优良品种，在茶园北侧品种叫作薮北，茶园南侧的叫作薮南。开发当初很难普及，但因其抗霜冻能力强，发芽期比外来品种也早，春茶采摘期从4

月下旬到5月上旬，产量也比较稳定。经过近50年的种植，在1955年（昭和三十年）指定为静冈县奖励品种而得到迅速普及。薮北种生命力强，在任何土壤中容易生根，根系和发芽均匀且发育早。恢复力强，改植容易，但耐病性较弱，需要注意防治。在日本发芽和成熟采摘比其他品种要早，产量也比别的品种高10%。目前日本茶园75%为该品种。薮北种做煎茶品质极其良好，香气适中，苦涩味和甘甜味平衡良好。特别适宜制作抹茶，特点是海苔香显著，色绿，不涩，滋味浓厚有回甘。

（二）奥绿

日本国引进品种（图2-19）。树姿中等，树势强，成叶比薮北种小、呈椭圆形，色绿，产量高。耐寒性与薮北相当。比薮北晚生6~8天，适制抹茶，产品色绿，香味独特，口感柔和有回甘。

图2-18 薮北

图2-19 奥绿

（三）丰绿

日本国引进品种（图2-20）。在日本所有茶树品种中栽培面积仅次于薮北，居第二位，是早熟品种的代表品种。适合在温暖气候环境中栽培，多栽培于鹿儿岛，是鹿儿岛茶的代表品种，与薮北种配合种植。丰绿为早生种，产量高，耐病，不耐寒。适制抹茶，产品色泽浓绿，香气独特。

图2-20 丰绿

（四）朝露

该品种是从（日本京都府）宇治的外来茶品种中选拔培育成的，1953年登录，登录号茶农林2号（图2-21）。栽培面积占日本茶园面积的1%。适合温暖气候，在鹿儿岛县南九州（知览市）的栽培面积占总面积的40%。该品种被称为天然玉露，适制抹茶，香气独特，即使不是专业茶师，不用试饮就可知道是该品种，有特别的香气。

图2-21　朝露

第五节　茶苗移栽

茶树种植质量的好坏，关系到抹茶园成园的快慢及成园后抹茶品质。抹茶园茶树种植时必须掌握好以下几个环节。

一、整地施肥

茶树种植前的整地施肥关系到茶树能否快速成园及成园后能否持续高产。种植前深垦并结合施肥，加深了土层，为茶树根系扩展创造了良好的空间，并能促进土壤的理化变化，为茶树生长提供较好的水、肥、气、热条件。在整地施肥方法上，园地经复垦平整后，按布局的茶行位置先开种植沟。如果是荒地，要把面土回填沟内，以提高沟内的土壤肥力；如在熟地上（原老茶园）栽植，要进行底土与表土的交换，即将表土埋入底层，底土留在表面，或用杀虫剂和杀菌剂进行土壤消毒。种植前在种植沟内施足基肥，基肥以有机肥为主，一般亩施猪牛栏肥2t左右，混施磷钾肥50kg左右，或施菜籽饼150~200kg，磷肥50~100kg，与土拌匀开沟深施，沟深30~40cm，宽60cm，施入基肥后经过1~2个月的腐解，待沟内土壤下沉后再覆上15~20cm的土层方可种植。

二、合理密植

合理密植是指茶树的种植规格相对较密，即茶树的行距、株（丛）距较小，每丛定植苗数较多。目前的抹茶园一般采用单条栽（图2-22）和双条栽（图2-23）两种方法，种植规格为大行距1.5～1.8m。单条栽的丛距30cm左右，每丛定植茶苗2株；双条栽的小行距和丛距各33cm，每丛2～3株。梯形茶园根据梯面宽度，行距可为1.3～1.6m。

图2-22 单条栽

图2-23 双条栽

三、移栽时期

茶苗移栽的最佳时期主要依据茶树的生长动态和当地的气候条件，当茶树进入休眠期，选择空气湿度大、土壤含水量高的时期移栽茶苗最为合适。江南茶区茶苗移栽的最适时期是在秋末冬初的10月中下旬至11月上旬与早春的2月下旬至3月上中旬。这段时期，选择空气湿润，土壤含水率较高的阴天或雨后初晴的天气移栽效果最好，要避免在刮西北大风的晴燥天气和下雨天移栽。

四、移栽技术

移栽时，要注意选用植株大小适中，根系良好，生长健壮的茶苗。一般要求苗高达30cm上下，基茎粗0.5cm左右。

为了提高移栽茶苗成活率，一是做到茶苗带土移栽，使茶苗根系多带土（图2-24）。在起苗前1～2天浇灌一次透水，使苗床土壤湿润，以减少起苗时根系损伤；出圃茶苗要及时栽种，最好做到随起随栽，避免风吹日晒；

图2-24 带土茶苗

出圃茶苗如果不能马上定植，则应进行假植。茶苗如需长途运输，应采取保护措施，可采取黄泥浆水蘸根，再用湿草包扎根部保湿，运输途中还要注意覆盖，防止茶苗过度失水。

二是掌握好茶苗移栽技术要领。在茶苗定植时，根据规划确定种植规格，按规定的行株距开好种植沟和种植穴，最好是做到现开现栽，保持沟（穴）内土壤湿润；因扦插苗无主根，根系分布浅，定植时要适当深栽，一般栽到原泥门3～5cm为度。栽植时，要一手扶茶苗，一手将土填入沟（穴）中，将土覆至不露须根时，再用手将茶苗向上轻轻一提，使茶苗根系自然舒展，与土壤密接；然后再适当加点细土压紧揿实，随即浇足定根水，再在茶苗基部覆盖些松土，使植后雨水便于渗入根部。

三是移栽定植后要及时铺草覆盖，防旱保苗（图2-25、图2-26）。覆盖的材料，可用干茅草、稻草、麦秆等，每公顷覆盖的干草用量为15000～20000kg；干草应铺在茶苗基部行间的地面上，作用是保墒保苗，防止土壤冲刷和板结，调节土壤温湿度，促进茶苗根系生长。栽后应定期检查成活情况，发现缺株要及时补齐。

图2-25 移栽后覆盖　　　　　　　图2-26 移栽后铺草

第三章 抹茶园栽培管理

第一节 树冠优化

抹茶园茶树冠面的高低、大小、形状、结构，直接影响茶树的产量和质量。自然生长的茶树，树姿直立、高大，侧枝短小，芽叶立体分布，难以形成"宽、密、壮、茂"的优质高效高产型树冠。抹茶生产茶园必须采用人为的修剪措施，剪除茶树部分枝条，使树冠向外围空间伸展，培育树冠高度适中，冠面宽广、骨架粗壮、分布均匀，生产枝健壮、茂密，从而达到持续优质、高产、高效的目的。根据修剪方式的不同，树冠培养与改造分为定型修剪、轻修剪、深修剪、重修剪和台刈。

一、定型修剪

定型修剪是奠定抹茶园形成优质高产树冠的基础。通过对幼龄茶树和台刈后茶树的定型修剪，剪去部分主枝和高位侧枝，控制树高，培养健壮的骨干枝，促进分枝的合理布局和扩大树冠。经几次定型修剪后，茶树分枝层次明显，有效生产枝增多，树冠覆盖面扩大，为茶叶的优质高产打下坚实的基础。新种植的茶树，一般要经过3次定型修剪。

（一）第一次定型修剪

抹茶园第一次定型修剪在茶苗移栽定植时进行，用整枝剪。在离地面12~15cm处剪去主枝，侧枝不剪。剪时注意选留剪口落在大叶处，有些苗木较大，可能已有1~2个分枝生长，修剪时要注意控制高度，保留分枝（图3-1）。

图3-1　第一次定型修剪

（二）第二次定型修剪

第二次定型修剪在第一次定型修剪后的翌年进行。此时树高一般达35～40cm，修剪高度在第一次修剪剪口上提高10～15cm，茶树离地25～30cm以上部分剪去。工具用整枝剪或平形修剪机（图3-2）。

（三）第三次定型修剪

第三次定型修剪在第二次定型修剪后的翌年进行，此时茶树已长至50cm以上，修剪高度在第二次修剪剪口上提高10cm左右。工具应改为篱剪，或用平形修剪机，将茶丛剪平，以促使枝条向两边扩展，快速形成采摘面（图3-3）。

定型修剪应注意剪口高度，以略低些为好，以利形成粗壮的骨干枝。

定型修剪时间以春季茶芽萌动之前进行较为合适。秋茶结束后"霜降"之前也可进行，但此时要特别注意冬季的防冻工作。

定型修剪要注意不能"以采代剪"，采摘的对象是嫩梢，修剪的对象是木质化程度较高的枝梢，如以采代剪，会形成过密而不壮的分枝层，对培养粗壮的骨干枝不利。

经3次定型修剪后，茶树高度一般在40～50cm，树幅可达70～80cm，即可开始轻修剪。在采摘上，此时仍应以培养树冠为主，切忌强采。

图3-2　第二次定型修剪

图3-3　第三次定型修剪

二、轻修剪

抹茶园轻修剪的目的是刺激芽叶萌发，解除顶芽对侧芽的抑制作用，使树冠冠面整齐，发芽粗壮有力，便于采摘和管理，提高产量和质量。

轻修剪方法是用篱剪或轻修剪机剪去茶树树冠1～3cm的表层，主要是把茶树上突出的部分枝叶剪去，修剪程度较浅。

幼龄抹茶园经过3次定型修剪后，应再进行2次轻修剪，其作用是扩大采摘面，增加发芽密度，为茶叶高产打下基础。第一次轻修剪在第三次定型修剪后的当年秋末或翌年春芽萌发前进行，下年度再进行第二次轻修剪。每次修剪可在原剪口上提高8～10cm，待茶树高度达到70cm左右时，按采摘茶园轻修剪的要求进行。采摘茶园轻修剪用篱剪或弧形轻修剪机，将树冠剪成弧形；机采茶园必须使用与采茶机相匹配的修剪机修剪，以形成适合机采的采摘面。

成龄抹茶园由于受树龄和采摘等因素的影响，常使采摘面分枝细密，新梢生长势减弱，树冠生长枝结构一般较为细弱，"鸡爪枝"较多，为了调节新梢密度和保持树冠冠面平整，必须每年进行1次轻修剪。修剪时期以当年秋末（10月中下旬至11月上旬）或翌年春芽萌发前（2月上中旬）为宜。修剪深度一般在原剪口上提高2～3cm（图3-4）。

另外，在冻害发生后，对冻害程度较轻和原来有良好采摘面的抹茶园，也可采用轻修剪，修剪程度宁轻勿深，一般情况下修剪高度掌握在将冻死的枝叶剪除为度，尽量保持原有采摘面；受害较重的茶树应进行深修剪或重修剪，乃至台刈，剪除受冻枝，促进新梢萌发和树势更新复壮。

图3-4　轻修剪

三、深修剪

抹茶园茶树多年采摘后，冠面上的分枝密集而瘦弱，形成鸡爪枝，阻碍水分和养分输送，育芽能力弱，萌发的芽叶瘦小，对夹叶增多，产量和品质下降，采摘十分不便。对这种树冠常采用深修剪的措施，剪除鸡爪枝，使之形成新的树冠，恢复树势，提高产量，改善品质。

深修剪的修剪深度因树冠面貌不同而异，以剪除鸡爪枝为原则（图3-5），一般要剪去叶层的一半，深度10～15cm，机采茶园

图3-5　深修剪

一般要剪去 15～20cm。机采茶园深修剪后可维持 4～6 年，手采茶园在良好的肥培管理条件下，维持的年限还可以长一些。

由于深修剪后当年茶树处于恢复生长期，茶叶减产，尤其是春茶产量损失大。为了减少损失，抹茶园深修剪宜在春茶后（5 月下旬）进行。江南茶区夏季常有干旱，修剪后新萌发的嫩芽易受干旱危害，所以深修剪后要注意做好精细的茶园肥培管理和抗旱工作，不然会严重影响树势恢复。

深修剪工具可以采用篱剪或深修剪机。无论用哪种工具，都要求剪口平滑，切忌造成枝梢撕裂。

深修剪能起到恢复树势的作用，但由于剪位深，对茶树当年产量略有影响，一般在茶叶产量连续下降，树冠面处于衰老状况下，才实施深修剪。

四、重修剪

抹茶园重修剪的对象主要是未老先衰的茶树和一些树冠虽然衰老但骨干枝仍然较强壮的茶树。这类茶树仍具有一定的绿叶层，但枯枝较多，育芽能力极弱，芽叶瘦小，叶张薄，对夹叶多，鲜叶自然品质差，产量低。这类茶树通过重修剪改造后，生理年龄降低，在骨干枝上萌发出新的枝梢，能重新培养成生机旺盛、枝叶繁茂、优质高产的新树冠。

重修剪的程度与新树冠养成息息相关，剪得过重过深，树冠恢复过慢，过浅过轻则达不到改造的目的。生产实践证明，抹茶园离地 30cm 处剪去较为合适（图 3-6）。重修剪宜在春茶结束后进行。

重修剪后，应全面进行清园、中耕或浅翻。茶树介壳虫等为害重的应在其卵孵化盛末期全面喷药防治。要重视肥料的使用，在重修剪前的秋、冬季应施足基肥（以有机肥为主），剪后要立即施用速效氮肥。一般春茶后进行重修剪

图3-6　重修剪

改造的茶园，当年略有减产，第二年可以平产，第三年起即可超过改前产量，茶叶品质比改前有明显的改善，经过 2～3 年即可培养成优质高产型的树冠。

五、台刈

对一些茶树骨架基础和品种基础较好的衰老抹茶园，可采用台刈措施加以改造，重新培养树冠，实现优质高产。

老茶树在台刈时，将树冠离地3~5cm处刈去。台刈工具可用台刈剪、台刈机。不管用什么工具，都必须做到切口光滑、枝干不开裂，以利伤口愈台。台刈下的茶树枝叶及时清出园外，另作处理。

台刈相当于茶树动了一次大手术，要保证台刈改造老茶园的成功，必须与改树、改土、改管结合起来。

（一）改树

经台刈后的茶树，要重新培养优质高产型的树冠，要像新种植的茶园一样进行定型修剪和轻修剪。春茶后台刈的茶树，当年新梢生长一般可达50~60cm，在当年秋末或次年早春离地30~40cm处进行定型修剪，第二年秋末或第三年早春离地50~60cm进行第二次定型修剪。以后则每年进行轻修剪，从而使茶树高度控制在70~80cm，树幅在130cm以上，为优质高产打下较坚实的基础。

茶树经台刈后抽发的新枝，不如幼龄茶苗分枝那样有规律，若能人工疏剪纤细的地蕻枝，使每丛保留20~30根强壮枝，则培养的茶树骨架更为理想。

（二）改土

老茶园台刈后改土是保证树冠改造成功的重要措施。改树和改土两者不可偏废。改土的方法主要有深耕改土和加客土改土。

1. 深耕改土

深耕改土应结合施用有机肥，一般在台刈前一年的秋季，进行行间深耕，深耕深度因土质而异，一般深度要达到30~50cm，同时施足有机肥料，每公顷施腐熟的有机肥20 000kg或饼肥2 000kg或商品有机肥4 500kg，配施N—P_2O_5—K_2O配比22∶7∶13的配方肥600kg。若在台刈前一年来不及深耕，也可在台刈前后进行，但最迟不要超过当年秋季。深耕是创造改土的条件，深耕结合施有机肥才能达到改土的目的。

2. 加客土改土

加客土可增厚茶园土壤的活土层，改善土壤表层的理化性质，促进表层土壤中茶树根系的发育，有利于地上部枝叶的生长。广大茶农对加客土的好处和重要性有着深刻的体会，"一年培土三年好，当年少除草，又可当肥料""若要肥，泥加泥，生泥加熟泥，胜似吃高丽"。这些农谚充分反映了加客土的作用、重要性和改土效果。

（三）改管

改管最重要的是及时除草、合理施肥、抗旱铺草及防治病虫害。

1. 及时除草

茶树台刈后，行间裸露面大，易造成杂草滋生，应及时清除或适时喷洒除草剂，以减少茶园土壤养分和水分的消耗。

2. 合理施肥

在施肥上，应坚持基肥和追肥相结合，根肥和叶面肥相结合。基肥应每年或隔年施1次。追肥在改造当年春茶前及三茶前追施氮肥2次，每公顷施入纯氮量分别为45～60kg和30～45kg；改后第二年在定型修剪后及夏茶前追施氮肥2次，每公顷施纯氮量分别为75～90kg和30～45kg；改后第三年起可按投产茶园的施肥要求进行。

3. 抗旱铺草

春茶后台刈的茶树，新梢生长期在7～8月，正是高温干旱期，土壤水分供应不足，会影响新梢的生长和树冠的培养，应进行灌溉抗旱。行间铺草可降低土壤水分蒸发和肥水流失，抑制杂草生长，增加土壤有机质，并能调节土温。台刈改造茶园在台刈后即可铺草。铺草数量以行间不露土为宜，一般每公顷铺草15～30t。

4. 防治病虫害

茶树台刈后，要加强茶园病虫害防治，及时进行清园，将枯枝落叶清出并埋入土中，蚧类为害严重的茶园，对留下的树桩适时喷药进行防治。新梢抽发后，特别要注意对茶蚜、小贯小绿叶蝉、螨类等吸汁型及食叶型害虫的防治，以保证新梢的正常生长。

第二节　土壤管理

抹茶园土壤管理可以促进土壤微生物的繁育，调节土壤三相比，调节土温和减少水土冲刷，为根系营造良好的条件，从而促进茶树树冠和新梢的生长，提高产量和质量。抹茶园土壤管理主要通过耕作方式进行，合理的耕作可以改善土壤的物理结构和水、气状况，翻埋肥料和有机质，熟化土壤，增厚耕作层，提高土壤保肥和供肥能力，有利于茶树根系对养分和水分的吸收。同时还可以清除杂草，减少病虫害。茶区群众有"茶地不挖，茶芽不发"的说法，充分说明了茶园耕作的重要性。茶园耕作的主要内容包括浅耕和深耕。

一、浅耕

抹茶园浅耕既可以疏松茶园表层土壤，改善土壤表层结构，提高土壤通透性。还可以提高土壤保水蓄水能力，减少土壤水分的损耗。茶树在生长季节，其地上部处于旺盛的生长阶段，需要根部连续不断地提供养分和水分，尤其在干旱季节供需矛盾更加突出，当水分供应失衡，就会发生旱害。浅耕由于改善了土壤的物理结构，在降雨季节能提高土壤的保水蓄水能力；在旱季，因土壤的毛细管被切断，从而使土壤蒸发作用降低，减少土壤水分的损失。

茶园浅耕也能清除杂草，减少土壤养分和水分的消耗。茶树生长季节，也是杂草旺盛生长的季节，杂草与茶树争肥、争水的矛盾突出。结合浅耕，能及时铲除杂草，使土壤中的养分和水分满足茶树生长的需要。

浅耕一般在生产季节进行，深度2～5cm，避免大量损伤茶树吸收根系。浅耕时期及次数，应根据抹茶园的土壤状况、土壤保水蓄水能力、杂草生长情况及茶树年龄的不同而灵活掌握。土壤板结、保水蓄水能力差、杂草丛生、茶树处在幼苗期的，浅耕次数相对多些，反之可减少浅耕次数。一般生产茶园年浅耕3次，即分别在春茶前、春茶后和夏茶后各浅耕1次。

（一）春茶前浅耕

在长江中下游茶区，浅耕一般在2月进行，这次浅耕是春季抹茶增产增收的重要措施之一。茶园经过冬季几个月的雨雪，土壤已较板结，此时土温较低，通过浅耕，可以疏松土壤，表土易于干燥，使土温升高，有利于春茶提早萌发。同时，浅耕能铲除杂草，无疑对茶树生长十分有利（图3-7）。

（二）春茶后浅耕

这次浅耕在春茶结束后进行，长江中下游茶区在5月下旬至6月上旬进行。此时气温较高，降水量较多，茶园土壤经春茶采摘已被踩得板结，雨水不易渗透，同时也是夏季杂草开始萌发、生长的时期。此时浅耕可提高土壤保水蓄水能力，减少夏季杂草的滋生。

图3-7　春茶前浅耕

茶园土壤经春季采摘踩踏压实，影响茶树根系活动。同时随着气温升高和雨水增多，茶园杂草加速生长，大量滋生病虫害。因此，春茶结束后应及时浅耕疏松土壤，铲除杂草。即使使用了除草剂的茶园，春茶采收后也要结合施肥进行浅耕，一般以 10~15cm 为宜（图3-8）。浅耕可破坏土壤表层毛细管，减少下层水分蒸发，对夏季茶园有保水抗旱的效果。

图3-8 春茶后浅耕

（三）夏茶后浅耕

这次浅耕应在夏茶采收结束后立即进行，时间约在7月中旬。此时天气炎热，处在高温干旱期，土壤水分蒸发量大，又是夏季杂草的旺盛生长期。及时浅耕，可铲除杂草，减少土壤养分和水分的消耗，切断土壤毛细管，降低土壤水分的蒸发量（图3-9）。

二、深耕

抹茶园深耕（图3-10）可以改善土壤的物理性状，使土壤孔隙度提高，容重降低，从而提高土壤的渗透性，增加土壤的含水率。由于深耕使土壤疏松，含水量提高，从而改善了土壤中的水气状况，对土壤的气体交换极为有利，使土壤中的好气性细菌

3-9 夏茶后浅耕

活跃，土壤养分分解加快，特别是一些原来不能为茶树所利用的养分，转变成容易被茶树吸收的速效养分，提高了土壤肥力。

虽然深耕有上述好处，但深耕大量地损伤了茶树根系，对茶树生长带来不同程度的影响，乃至造成茶叶产量下降。因此，人们对深耕有不同的看法。较为共同的观点：幼年期茶园行间深耕一般结合施基肥时挖基肥沟，基肥沟

深度在30cm左右。丛栽茶园或行距较宽、行间空间较大的茶园，深耕是必要的。茶园基础较好、长势旺盛的条栽茶园，不必年年深耕，可隔年或隔行深耕，也可几年深耕1次，以减少对根系的伤害；对多行密植茶园可以免耕；深耕时必须配合重施有机肥，并且混施一定量的磷肥。

图3-10　深耕

抹茶园深耕应选择对茶叶产量影响最小，茶树断根再发能力较快的时候进行。目前深耕一般在茶叶采摘结束后进行，这样有利于茶树根系的迅速恢复生长。深度一般在20～30cm。

生产实践证明，深耕以秋耕增产效果最好。抹茶园以秋耕结合施基肥的较多。长江中下游抹茶园应在茶季结束后立即进行深耕，一般在9月下旬或10月上旬，并以早耕为好。

第三节　施肥技术

抹茶园采摘标准为一芽六、七叶，对茶树养分消耗大。为保证茶树新梢旺盛生长，就应源源不断地供应养分。施肥是抹茶园增加产量、提高品质的重要措施。抹茶园施肥除了满足茶树生长所需的养分外，更应讲究施肥的经济效益，达到节约用肥、提高肥效、减少流失、改良土壤的目的。所以，在抹茶园施肥中应根据茶树的需肥规律，灵活掌握好施肥原则，坚持做到合理施肥。

一、施肥原则

茶树与其他绿色植物一样，在整个个体发育过程中，除种子萌发初期外，主要靠根系吸收土壤中的水分和无机盐类，靠叶片通过光合作用制造碳水化合物，年复一年地维持生命活动。在人工栽培下，不断地进行采摘和修剪，光靠其本身自然循环的营养物质，势必不能维持茶树的正常生长，无法达到人们栽培茶树的目的。茶树对营养物质的要求具有连续性、阶段性、集中性和适应性。所谓连续性即在茶树的年发育周期中，无论是生长期或相对休止期，要求供给的营养物质不可间断。阶段性即茶树在幼年期只有营养器官的生长，地上部的生长超过地下部，物质的合成多于分解，此时应适当增施磷、钾肥；青、壮年期的茶树，其营养生长和生殖生长均逐步达到旺盛期，为了抑制生殖生长，应增施氮素肥料。集中性即茶树在旺盛生长期及芽叶被采摘后，需要较大量地集中供给营养元素，以满足茶树的生长需要。适应性即表现为茶树对营养元素的多样性有较强的耐肥能力和耐瘠能力。高肥水平可以获得优质高产，低肥水平只能得到少量而质次的芽叶，缺少某一营养元素茶树就不能健康生长。

根据茶树对营养物质需求的上述特点，在抹茶园施肥上应掌握以下原则。

（一）重有机肥，有机肥与无机肥相结合

茶园土壤多为红黄壤，有机质含量低，有机肥是茶园土壤中有机质的重要来源。有机肥营养全面，有机质丰富，肥效缓慢而持久，对茶树生长、产量提高和品质提升都有良好作用。同时，有机肥可改良茶园土壤，改善土壤中的水、温、气、热，使之有利于茶树根系的生育和养分的吸收；可增强土壤微生物的活动，释放出大量的二氧化碳和有机酸，不仅能加强茶树的光合作用，而且可使土壤中原来难溶性的无机盐转化为茶树易吸收的养分。因此，在抹茶园施肥上应重视有机肥的施用，在此基础上配合施用速效性的化肥，才能保证抹茶园土壤的良好生产性能，实现抹茶的优质高产。有机肥的肥源极其丰富，主要有各种饼肥、畜肥、绿肥、堆肥和土杂肥等，各地可以因地制宜，就地取材，变废为宝。

（二）重基肥，基肥与追肥相结合

基肥是指茶芽生育处于相对休止期前后施用的肥料，此时茶树地上部虽然处于相对休止状态，但其根系并没有休止，仍在吸收营养元素。这些被吸收的养分大多贮藏在根系中，是来年春梢生长的物质基础。"基肥足，春茶绿"，就是这个意思。无论是幼龄茶树、成龄茶树，还是一般生产茶园、高效丰产茶园，都要重视基肥的施用。在重施基肥的基础上，再在抹茶的生产季节配合追施速效化肥，才能满足茶树对养分的需求。基肥种类可以单施有机肥，也可用有机肥和速效性化肥混合施，同时配合施入适量的磷、钾肥。

（三）重春肥，春肥与夏、秋肥相结合

在茶叶产量的季节分布上，以春茶的产量最高，一般占全年总产量的50%左右，自然品质亦以春茶最优，春茶季节也是名优茶的生产季节，抓好春茶是全年茶叶生产的重点。春茶期间茶树新梢长势旺盛，生长速度快，消

耗的养分也相对较大，根系吸收能力强，单靠上年秋季的基肥尚不能满足春梢生长的需要，易造成茶园土壤养分"脱节"。所以，在抹茶园追肥的施用上，应十分重视春茶前追肥的施用，夏、秋茶由于生产季节长，在夏茶及秋茶前也应适当追施部分肥料。追肥一般使用速效性的氮素化肥。

（四）重氮肥，氮肥与磷、钾肥相结合

茶树是采叶植物，采摘带走了大量的氮素。所以，在茶树生育过程中，对氮素的吸收量也最大，氮肥对增加茶叶产量的效果也最为明显。可以这么说，氮肥是茶树生长的"主粮"，尤其是采摘抹茶园，重施氮肥显得格外重要。但应该看到，长期大量地单一施氮肥，易造成抹茶园土壤理化性质变差，土壤中各种营养元素间的平衡关系失调，土壤团粒结构遭到破坏，肥力下降，氮肥的增产效应也受到抑制。所以，在抹茶园施肥上，应以氮肥为主，配施磷、钾肥，有条件的还应及时补充土壤中缺乏的其他微量元素，只有这样，才能提高土壤肥力，保证茶树的旺盛生长。

二、施肥数量

目前，抹茶园的施肥量主要采取补偿施肥的方式，即通过施肥来保持茶园土壤的肥力水平，或者使其肥力水平逐年略有提高。抹茶园养分需求大，氮肥（纯氮）用量为 $500 \sim 600 \mathrm{kg/hm}^2$。

各种有机肥及速效性化肥的三要素含量列于表3-1。

三、施肥方法

抹茶园施肥应根据茶树年生长周期的吸肥规律、茶叶产量水平和施肥量的多少来确定，宜多施氮、磷、钾比例合理的抹茶园专用肥（图3-11）。氮、磷、钾是茶树生育所需的大量营养元素，对茶树生长和茶叶产量、质量有直接的影响。在年生长周期中，茶树对三要素的吸收是不均衡的，对氮的吸收以4—6月、7—8月、9月、10—11月较多，磷的吸收以4—6月和9月最多，钾的吸收与氮的吸收动态相类似。氮、磷、钾施用比例按 N: P_2O_5: K_2O 比例 $1:0.15 \sim 0.25:0.25$ 方法施用。

图3-11 抹茶园专用肥

表3-1　有机肥及速效性化肥的三要素含量

类别	名称	含量（%）		
		氮	磷	钾
化肥类	尿素	45～46		
	硫酸铵	20～21		
	碳酸氢铵	16～17		
	过磷酸钙		12～18	
	钙镁磷服		14～48	
	硫酸钾			48～52
	硝磷铵	10.0	10.0	10.0
	磷酸二氢钾		52.0	34.0
饼肥类	菜籽饼	4.60	2.48	1.40
	棉籽饼	3.41	1.63	0.97
	茶籽饼	1.11	0.37	1.23
	桐籽饼	3.60	1.30	1.30
	柏子饼	5.16	2.00	1.90
绿肥类	紫云英	2.75	0.65	0.91
	黄花苜蓿	3.23	0.81	2.38
	苕子	3.11	0.72	2.38
	箭舌碗豆	2.85	0.75	1.82
	豇豆	2.20	0.88	1.20
	猪尿豆	2.71	0.31	0.80
	绿豆	2.05	0.49	1.96
	花生	4.45	0.77	2.25
	大豆	3.10	0.40	3.60
粪尿类	人粪	1.00	0.40	0.30
	人尿	0.50	0.10	0.30
	猪粪	0.60	0.45	0.50
	牛粪	0.30	0.25	0.10
	羊粪	0.75	0.60	0.30
	鸡粪	1.63	1.54	0.80
堆肥类	厩肥	0.48	0.24	0.63
	堆肥	0.40	0.18	0.45
	沤肥	0.32	0.06	0.29
土杂肥类	焦泥灰	0.18	0.13	0.40
	河泥	0.27	0.59	0.57
	塘泥	0.33	0.39	0.34

（一）基肥

基肥每年或隔年施1次，也可进行隔行施，同时配施磷、钾肥，于秋茶结束后施入。施基肥一般要开沟深施（图3-12）。江南茶区以10月中下旬至11月上旬施用为宜。对那些基肥施肥量不大的茶园，最好隔年或隔行施入。基肥施用量占全年氮肥用量的30%～40%，以施用有机肥和复合肥为主，可以适当配施速效氮肥。

图3-12 开沟深施基肥

（二）追肥

1. 春茶前追肥

茶树越冬后损耗了较多的营养物质，必须及时补给才能恢复生长和发芽。早春追肥在采春茶前30～40天施入，占全年氮肥用量的30%～40%，以茶叶专用有机肥和复合肥为主（图3-13、图3-14）。

图3-13 幼龄茶园春季施肥

图3-14 成龄茶园春茶前施肥

2. 夏茶前追肥

春茶生产消耗了茶树体内大量的养分，应及时给予补充。在5月中下旬春茶结束后，旱季来临前进行中耕除草，耕作深度5～10cm，减少地面水分蒸发与消耗，提高土壤保水能力，同时追施速效肥料，用量为全年的20%左右（图3-15）。

3. 秋季追肥

秋季追肥宜在夏茶结束之后进行，一般在7月中下旬施用，以速效肥料为主，施用量为全年的20%左右。

图3-15 夏茶前施肥

第四节　病虫草害防治

一、抹茶园病虫害发生特点

抹茶生产茶园要经过15～20天的遮阳覆盖。覆盖期间，茶园直射光减少，散射光增加，茶树冠层温度降低，空气湿度增加，茶园小气候明显改变，再加上覆盖减轻了雨水冲刷和大风天气对害虫的影响，往往造成抹茶园的病虫害相对严重，防治难度加大。

名优绿茶一般3月上中旬左右开始采摘，而抹茶园则在5月上中旬进行采摘，与名优绿茶相比明显推迟，这就为叶蝉、黑刺粉虱、蚜虫、茶尺蠖等喜食茶树幼嫩芽叶的害虫提供了为害栖息的场所，导致此类害虫发生较重。

抹茶园经过覆盖后其病虫害发生规律与未经覆盖茶园有所不同，要充分利用杀虫灯、性信息素诱捕器、色板等结合田间调查进行虫情测报，按照防治适期和防治指标进行有效防治。

二、抹茶园主要病虫害

（一）茶尺蠖

别名拱拱虫、吊丝虫，浙江、贵州、江苏、湖北等抹茶产区发生较重。

1. 形态特征

成虫体长约10mm，翅展20～30mm，体色有灰白色和黑色两种，黑翅型翅黑色，线纹不明显；灰白色个体翅面疏被灰白色鳞片，前翅有4条波状横纹，外缘有7个黑色小点，后翅有2条横纹，外缘有5个小黑点（图3-16）。卵椭圆形，初产时鲜绿色，后变为黄绿，再转为灰褐色，常数十粒至百余粒叠加成堆并覆白色絮状物。1龄幼虫体黑色，后期转褐色，各腹节有白色小点组成的白色环纹和纵线；2龄幼虫体黑褐至褐色，腹节白点消失，第一、第二腹节背面出现2个黑色斑点；3龄幼虫茶褐色，第二腹节背面有一"八"字形黑纹；4～5龄幼虫体深褐色，自腹部第2节起背面出现黑色斑纹及双重菱形纹（图3-17）。

2. 为害特征

幼虫喜食嫩芽叶，1～2龄时常集中为害，形成发虫中心，1龄幼虫取食嫩叶叶肉，留下表皮；2龄能穿孔或自叶缘咬食，形成缺刻；3龄幼虫开始分散为害，食量渐增，嫩芽叶食尽后取食老叶；4龄后进入暴食期，大发生时可将成片茶园食成光秆（图3-18）。抹茶园覆盖期间，独特的环境为其取食为害提供了十分有利的条件，其发生一般比不覆盖茶园要严重。

　　3. 发生规律

　　茶尺蠖在浙江、江苏、安徽等茶区一年发生5～6代，以蛹在茶树根际附近土壤中越冬，翌年2月下旬至3月上旬开始羽化。第一代卵在4月上旬开始孵化，孵化高峰期在4月中下旬，第二代孵化高峰期在6月上中旬，第二代后世代重叠，7—9月夏秋茶期间受害重。

图3-16　茶尺蠖成虫

1龄　　　　　　　　3龄　　　　　　　　4~5龄

图3-17　茶尺蠖幼虫

为害前期　　　　　　　　　　　为害后期

图3-18　茶尺蠖为害状

47

（二）小贯小绿叶蝉

全国各抹茶产区均有分布。

1. 形态特征

成虫淡绿色至黄绿色，体长3～4mm，头前缘有一对绿色圈，复眼灰褐色（图3-19）。翅膜质，前翅淡黄绿色，基部颜色较深，翅端透明或烟褐色，后翅无色透明。卵新月形，初产时乳白色，后渐变为淡绿色（图3-20）。1龄若虫乳白色，复眼突出，头大体纤细；2龄若虫体淡黄色，体节分明；3龄若虫体淡绿色，腹部明显增大，翅芽开始显露；4～5龄若虫体淡绿色，翅芽明显可见（图3-21）。

3-19 小贯小绿叶蝉成虫

图3-20 小贯小绿叶蝉卵

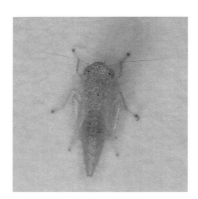

图3-21 小贯小绿叶蝉若虫

2. 为害特征

以成虫、若虫吸取茶树幼嫩组织汁液，影响树体营养物质的输送，导致芽叶失水、生长迟缓。茶树受害后其发展过程分为失水期、红脉期、焦边期、枯焦期（图3-22）。受害芽叶在加工过程中碎、末茶增加，导致成茶产量和品质受到严重影响。抹茶园采摘后正值小贯小绿叶蝉发生期，应注意采取措施进行防治。

红脉期　　　　　　　　　　　　　　焦边期

图3-22　小贯小绿叶蝉为害状

3. 发生规律

发生代数因地理位置、气候环境条件而异，长江流域一年发生9～11代，福建11～12代，海南13代以上。在长江中下游茶区一般以成虫越冬，早春转暖时，成虫开始取食、陆续孕卵和分批产卵。卵散产于茶树嫩茎皮层和木质部之间，以顶芽下第二与第三叶之间的茎内最多。其生长繁殖的最适温区在20～26℃。当出现连续平均气温在29℃以上时，虫量急剧下降。雨日多，时晴时雨的天气利于其繁殖。

（三）茶橙瘿螨

又称斯氏尖叶瘿螨，我国各抹茶产区均有分布。

1. 形态特征

成螨长圆锥形，长约0.14mm，黄至橙红色。前端体宽，向后渐细似胡萝卜状。体前段有2对足伸向前方。腹部密生褶皱环纹，腹末端有1对尾毛。卵球形，白色半透明，有水珠状光泽。幼、若螨无色至淡黄色，体型与成螨相似，但腹部环纹不明显（图3-23）。

2. 为害特征

以成螨和幼、若螨刺吸茶树汁液，成螨趋嫩性强，多为害新梢一芽二、三叶，螨口多在茶丛上部尤其是嫩叶背面。在螨量少时为害不明显，螨量较多时被害叶片叶脉发红，失去光泽，严重时叶背呈现褐色锈斑，叶脆易裂，甚至造成落叶，树势衰弱（图3-24）。

3. 发生规律

一年约发生25代，可以各虫态在成、老叶背面越冬，世代重叠严重，孤雌生殖，卵散产于嫩叶背面，尤以侧脉凹陷处居多。在长江中下游茶区一般全年有两次明显的为害高峰，第一次在5—6月，第二次在8—10月，对夏茶和秋茶影响较大。

图3-23 茶橙瘿螨成螨、若螨及卵　　　　图3-24 茶橙瘿螨为害状

（四）黑刺粉虱

又称橘刺粉虱，全国各抹茶产区均有分布。

1. 形态特征

成虫体橙黄至橙红色，体背有黑斑，前翅紫褐色，周围有7个不规则形白斑，后翅淡褐色，静止时呈屋脊状（图3-25）。卵长椭圆形，略弯曲，似香

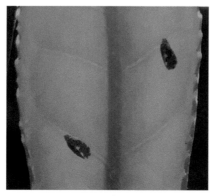

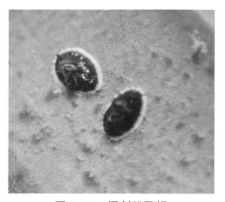

图3-25 黑刺粉虱成虫　　　　图3-26 黑刺粉虱蛹

蕉状，初产时乳白色，后渐变橙黄色至棕黄色，近孵化时紫褐色。幼虫扁平，椭圆形，共3龄。初孵幼虫淡黄色，后变黑色，体背有刺状物6对，背部有2条弯曲的白纵线；2龄幼虫体黑色，背渐隆起，背部有刺状物8对，体背附1龄幼虫蜕皮壳；3龄幼虫体黑色，四周敷白色粉状蜡，背隆起，有刺状物29（雄）～30（雌）对，刺状物披针状，不竖立，体背附蜕皮壳。蛹椭圆形，背面隆起，漆黑色有光泽，四周敷白色水珠状蜡，背部刺状物数量同3龄幼虫，但刺状物竖立（图3-26）。

2. 为害特征

成虫喜停息在茶树嫩芽叶上或嫩叶背，吸取汁液补充营养。若虫则固定在叶背刺吸汁液为害茶树，同时分泌蜜露诱发茶煤病，影响茶叶产量和品质。

3. 发生规律

在长江中下游茶区一年发生4代，以老熟若虫在茶树中、下部叶背越冬。黑刺粉虱一般在郁闭、阴湿的茶园中发生较重。

（五）茶丽纹象甲

又称小绿象鼻虫，花鸡娘，主要分布于浙江、江苏、湖北等抹茶产区，是夏茶期间的主要害虫之一。

1. 形态特征

成虫体长6～7mm，灰黑色，体背有黄绿色闪光鳞片组成的斑点和条纹。触角膝状，柄节较直而细长，端部3节膨大。复眼近于头的背面，略突出。前胸背板宽大于长。鞘翅上也具黄绿色纵带，近中央处有较宽的黑色横纹（图3-27）。卵椭圆形，初为黄白色，后渐变暗灰色。幼虫乳白至黄白色，体肥而多横皱，略弯曲，无足。蛹长椭圆形，羽化前灰褐色。

2. 为害特征

以成虫咬食嫩芽叶和新梢进行为害，被害叶片呈现不规则形的缺刻，严重时仅剩叶片主脉，造成茶叶减产，影响树势（图3-28）。

3. 发生规律

茶丽纹象甲在我国茶区一年发生1代，以老熟幼虫在茶丛根际土壤中越冬。根际周围33mm、深10cm以内的土壤中虫口最多。蛹多于白天上午羽化，初羽化出的成虫乳白色，在土中潜伏2~3天，体色由乳白色变成黄绿色后才出土。5—6月为成虫为害盛期。成虫有假死习性。成虫交配后将卵产在茶树根际附近的落叶上或表土上，产卵盛期在6月下旬至7月上旬。

图3-27　茶丽纹象甲成虫

图3-28　茶丽纹象甲为害状

（六）绿盲蝽

又称小臭虫，国内各抹茶产区均有分布。

1. 形态特征

成虫体长5mm左右，扁平近卵圆形，绿色。前胸背板、小盾片及前翅半革质部分均为绿色，前胸背板多刻点，前翅膜质部暗灰色，半透明。卵微绿色，似香蕉状，具白色卵盖。若虫共5龄。

2. 为害特征

以成虫、若虫刺吸嫩芽叶为害茶树。被害幼芽呈现许多红点，后变褐成为黑褐色枯死斑点。芽叶伸展后，叶面呈现不规则的孔洞，叶缘残缺破裂，俗称"破头疯"（图3-29）。受害芽叶生长缓慢，持嫩性差，叶质粗老，芽常呈钩状弯曲，严重影响其产量和品质。

3. 发生规律

在长江流域年发生5代，以卵在冬作豆类、苕子、木槿、蒿类、苜蓿等植物茎梢内越冬，茶树上则以卵在枯腐的鸡爪枝

图3-29　绿盲蝽为害状

内或冬芽鳞片缝隙处越冬。越冬卵于4月上旬当气温回升到11～15℃时开始孵化，4月中旬气温在15℃以上进入盛孵期，主要为害春茶。

（七）茶炭疽病

1. 分布为害

国内各抹茶产区都有发生。在发病严重的茶园，可引起大量落叶。秋季

发病严重的茶园，翌年春茶产量明显下降（图3-30）。

2. 症状

先从叶缘或叶尖产生水浸状暗绿色病斑，后沿叶脉扩大成不规则形病斑，红褐色，后期变为灰白色，病健分界明显。病斑正面密生许多黑色细小突起粒点，即病原菌的分生孢子盘，病斑上无轮纹（图3-31）。

3. 发生规律

以菌丝体在病叶组织中越冬。翌年5—6月的雨天形成分生孢子，并借雨水传播，从嫩叶背面茸毛处侵入，发展成大型病斑需15～30天。此时嫩叶已变为充分展开的成叶。全年以梅雨和秋雨季节发生最重。偏施氮肥或缺少钾肥的茶园、幼龄茶园及台刈茶园发生较多。品种间有明显的抗病性差异，龙井43等品种易受感染。

图3-30　茶炭疽病为害状

图3-31　茶炭疽病病斑

（八）茶饼病

1. 分布为害

又称叶肿病，茶树芽叶的重要病害之一。分布于贵州、四川、浙江、湖北等抹茶产区的山区茶园，尤以贵州、四川的山区茶园发病最重。严重影响抹茶的产量和品质。

2. 症状

嫩叶上初发病为淡黄色或红棕色半透明小点，后渐扩大并下陷成淡黄褐色至暗红色的圆形病斑，相应的叶背病斑呈饼状突起，表面覆有灰白色粉状物，后期凸起部分萎缩成褐色枯斑。叶柄及嫩梢被感染后，膨肿并扭曲，严重时病部以上新梢枯死。

3. 发生规律

属低温高湿型病害，以菌丝体在病叶的活组织中越冬和越夏。翌春或秋季，平均气温在15～20℃，相对湿度80%以上时产生担孢子，随风、雨传播初侵染，并在水膜的条件下萌发，侵入寄主组织，在细胞间扩展直至病斑背面形成子实层。担孢子成熟后飞散传播再次侵染。山地茶园在适温高湿、日照少及连绵阴雨的季节，最易发病。就茶园本身来说，偏施氮肥、杂草丛生、低洼阴湿、采摘修剪等措施不合理的茶园易发病。茶树品种间的抗病性存在一定的差异。

三、抹茶园病虫害主要防控技术

我国企业生产的抹茶有很大一部分出口到欧盟等地，近几年欧盟茶叶农残标准不断增补和调整，成为对茶叶农残要求最严苛的地区。再加上抹茶作为可以"吃"的茶，其质量安全和农残控制更加重要。因此在抹茶园病虫害防治过程中，应以农业防治和生态调控为基础，生物防治和物理防治为主体，科学合理用药相辅助，以达到减少化学农药使用量，提升抹茶产量和品质的目的。

（一）加强茶园管理，实施健身栽培

1. 优化茶园生态环境，保护利用天敌昆虫

茶园生态环境直接影响其生物多样性及病虫害的发生为害情况。通过实行茶林、茶果间作套种，增加茶园周围植被，可优化生态环境，保护和引诱害虫天敌。我国茶园天敌有500多种，包括捕食性和寄生性天敌昆虫、捕食性益螨等（图3-32）。茶园可利用瓢虫防治蚧类和黑刺粉虱；利用草蛉、食蚜蝇等捕食蚜虫；释放单白绒茧蜂寄生茶尺蠖幼虫；释放捕食螨防治茶橙瘿螨等螨类害虫。为了充分发挥天敌的作用，要保护茶园生态多样性，为天敌提供蜜源和栖息场所，在使用药剂进行防治时尽量选择植物源、微生物源等天敌友好型农药，尽量在天敌隐蔽或不活动时施药。秋后在茶丛留存落叶或覆草，以利于食蚜蝇、瓢虫、蜘蛛等蛰伏越冬。也可以在茶行中间栽种具有驱避作用的迷迭香、罗勒、薰衣草等芳香植物，可有效减少小贯小绿叶蝉等种群数量。

2. 选育和推广抗病虫茶树品种，提高自身抵抗力

茶树叶片茸毛、气孔等叶片组织结构和茶多酚、咖啡碱等物质含量与其抗病虫能力密切相关，选育和推广抗病虫茶树品种，充分利用品种自身的抗性来抵御病虫为害是病虫害防治经济有效的根本措施。在抹茶园品种的选择上，除了要考虑产量品质和叶片叶绿素、氨基酸、蛋白质等含量外，还要选

蜘蛛　　　　　　　　　　　红点唇瓢虫

异色瓢虫　　　　　　　　　　螳螂

图3-32　茶园害虫天敌

育对当地主要病虫抗性较强的无性系良种。在换种改植或发展新茶园时，注意将早熟与中晚熟品种搭配种植，以使不同品种的采摘期相互衔接，以调节采摘和加工劳力，同时有利于病虫害的防治和抗倒春寒等自然灾害。

3. 加强肥水管理

茶园水肥情况会影响茶树体内物质代谢和生长，进而影响其抗病虫能力。如施用钾肥能增强茶树对炭疽病的抵抗力，氮素过量则利于吸汁性害虫和病害的发生。应根据茶树所需养分进行平衡施肥或进行测土配方施肥。秋季结合翻耕施足基肥，以饼肥、农家肥、沤肥、堆肥等有机肥为主。还要结合茶树生长和采摘情况适时追肥，合理喷施叶面肥，提高茶树抗病虫能力。在茶园灌溉排水方面，要结合茶园特点和茶树需水的季节性变化，有效控制浇水量、浇水时间和方式，多雨季节要特别注意容易积水的低洼地块，做好排水防涝工作。

4. 适时采摘和合理修剪

达到采摘标准的茶园要及时采摘，可有效减少害虫食源，清除新梢嫩叶上的害虫，明显抑制小绿叶蝉、茶橙瘿螨、茶蚜等害虫的发生。进行合理修剪可以促进茶树生长发育，增强树势，扩大采摘面，同时修剪可清除栖息在茶树上的虫害和病原。在修剪时，应根据茶园的地理条件、耕作方式、采制茶类及茶树的生育情况因地制宜，灵活使用轻修剪、重修剪、台刈等修剪措施并建立相应的修剪模式，修剪后要保证水肥供应，做好防冻抗寒等相关工作。对郁蔽茶园进行疏枝，可使茶园通风透光，改善茶园生态环境，抑制蚧类、粉虱等害虫的发生，修剪下的健康茶树枝叶，可覆盖土表作为绿肥使用；带病虫枝叶必须及时清理出园，集中销毁，防止扩散蔓延。

（二）利用光、色、味等对害虫进行理化诱控

1. 应用杀虫灯诱杀害虫

茶尺蠖、小绿叶蝉、黑毒蛾、茶毛虫等成虫具有趋光性，应用天敌友好型LED杀虫灯集中诱杀害虫可以减少其繁殖为害（图3-33）。为了提高诱杀效果，同时减少对天敌的误伤，应合理布置杀虫灯并控制开灯时间。杀虫灯的悬挂高度应高于茶棚40～60cm，每盏灯可控制1.0～1.5hm²茶园。使用中应结合虫情测报，在目标害虫始峰期开灯，避免在天敌高峰期开灯，最好采用光控模式，设置成天黑后自动开启，工作3h后自动关闭。

图3-33 杀虫灯

2. 使用诱虫板进行诱杀

利用害虫对不同颜色的趋性进行诱杀。以前茶园应用以数字化黄板（图3-34）为主，但其容易误伤天敌，而由中国农业科学院茶叶研究所研发的天敌友好型色板（图3-35），采用了复合颜色设计，所用材料可降解，在保证叶蝉诱杀量的前提下可减少对天敌昆虫的诱杀，目前已在各地茶园推广应用。具体应用时一般每公顷插放色板300～400张，色板高于茶蓬面20cm左右。对于蓟马发生严重的茶园，可设置蓝色粘虫板进行诱捕，应用时要根据抹茶园害虫及天敌发生规律控制色板悬挂时间。

3. 性信息素诱捕器的应用

通过能够释放人工合成雌蛾性信息素的诱芯，引诱茶尺蠖雄蛾至诱捕器上并将其捕杀，使雌虫失去交配机会，不能繁殖后代，进而有效减少田间虫口基数（图3-36、图3-37）。应用中要结合预测预报早于越冬代成虫羽化期放置，每公顷放诱捕器45~60套，诱捕器间距15m左右，可根据田间虫口数量适当调整。悬挂时诱捕器应高于茶丛蓬面15～25cm。为保证诱捕效果，在

图3-34　数字化色板

图3-35　天敌友好型色板

图3-36　茶尺蠖性信息素诱捕器

图3-37　诱捕器上的雄蛾

使用过程中要定期更换诱芯，用过的诱芯和粘板要带出茶园，不可随意丢弃。除茶尺蠖性信息素诱捕器外，目前茶园使用的还有黑刺粉虱、茶毛虫、茶小绿叶蝉等信息素产品，具体可根据虫害发生情况进行使用。对于棚式覆盖的抹茶园可用线绳直接将诱捕器挂于棚架上。

（三）科学合理用药

1. 合理选择药剂

应用农业、理化诱控等措施可在一定程度上抑制害虫的发生，但在大暴发时，还需用药剂应急防治。在选择药剂时要首选植物源、微生物源和矿物源农药。如短稳杆菌、茶核苏云菌、除虫菊素、苦参碱、绿颖矿物油等。在化学农药的使用上，应严格按照GB 2763—2019等要求首选低残留、低水溶性农药（表3-2），适当混用和轮用农药，以防害虫抗药性的产生。对于出口欧盟等的抹茶园要结合当地茶叶农残标准慎重选择，并密切关注相关国家农残标准信息，及时调整用药。

表3-2　《食品安全国家标准食品中农药最大残留限量》（GB2763—2019）中涉茶指标

(mg/kg)

序号	农药名称	最大残留限量	序号	农药名称	最大残留限量
1	百草枯（paraquat）	0.2	23	甲胺磷（methamidophos）	0.05
2	百菌清（chlorothalonil）	10	24	甲拌磷（phorate）	0.01
3	苯醚甲环唑（difenoconazole）	10	25	甲基对硫磷（parathion-methyl）	0.02
4	吡虫啉（imidacloprid）	0.5	26	甲基硫环磷（phosfolan-methyl）	0.03*
5	吡蚜酮（pymetrozine）	2	27	甲萘威（carbaryl）	5
6	吡唑醚菌酯（pyraclostrobin）	10	28	甲氰菊酯（fenpropathrin）	5
7	丙溴磷（profenofos）	0.5	29	克百威（carbofuran）	0.05
8	草铵膦（glufosinate-ammonium）	0.5*	30	喹螨醚（fenazaquin）	15
9	草甘膦（glyphosate）	1	31	联苯菊酯（bifenthrin）	5
10	虫螨腈（chlorfenapyr）	20	32	硫丹（endosulfan）	10
11	除虫脲（diflubenzuron）	20	33	硫环磷（phosfolan）	0.03
12	哒螨灵（pyridaben）	5	34	氯氟氰菊酯和高效氯氟氰菊酯（cyhalothrin and lambda-cyhalothrin）	15
13	敌百虫（trichlorfon）	2	35	氯菊酯（permethrin）	20
14	丁醚脲（diafenthiuron）	5*	36	氯氰菊酯和高效氯氰菊酯（cypermethrin and beta-cypermethrin）	20
15	啶虫脒（acetamiprid）	10	37	氯噻啉（imidaclothiz）	3*
16	毒死蜱（chlorpyrifos）	2	38	氯唑磷（isazofos）	0.01
17	多菌灵（carbendazim）	5	39	醚菊酯（etofenprox）	50
18	呋虫胺（dinotefuran）	20	40	灭多威（methomyl）	0.2
19	氟虫脲（flufenoxuron）	20	41	灭线磷（ethoprophos）	0.05
20	氟氯氰菊酯和高效氟氯氰菊酯（cyfluthrinandbeta-cyfluthrin）	1	42	内吸磷（demeton）	0.05
21	氟氰戊菊酯（flucythrinate）	20	43	氰戊菊酯和S-氰戊菊酯（fenvalerate and esfenvalerate）	0.1
22	甲氨基阿维菌素苯甲酸盐（emamectinbenzoate）	0.5	44	噻虫胺（clothianidin）	10

（续表）

序号	农药名称	最大残留限量	序号	农药名称	最大残留限量
45	噻虫啉（thiacloprid）	10	56	溴氰菊酯（deltamethrin）	10
46	噻虫嗪（thiamethoxam）	10	57	氧乐果（omethoate）	0.05
47	噻螨酮（hexythiazox）	15	58	乙螨唑（etoxazole）	15
48	噻嗪酮（buprofezin）	10	59	乙酰甲胺磷（acephate）	0.1
49	三氯杀螨醇（dicofol）	0.2	60	印楝素（azadirachtin）	1
50	杀螟丹（cartap）	20	61	茚虫威（indoxacarb）	5
51	杀螟硫磷（fenitrothion）	0.5*	62	莠去津（atrazine）	0.1
52	水胺硫磷（isocarbophos）	0.05	63	唑虫酰胺（tolfenpyrad）	50
53	特丁硫磷（terbufos）	0.01*	64	滴滴涕（DDT）	0.2
54	西玛津（simazine）	0.05	65	六六六（HCH）	0.2
55	辛硫磷（phoxim）	0.2			

注：*该限量为临时限量

2. 适时适量用药

抹茶园经过覆盖后其病虫害发生规律与未经覆盖茶园有所不同，要充分利用杀虫灯、性信息素诱捕器，色板等结合田间调查进行虫情测报，按照防治适期和防治指标进行有效防治。特别是覆盖前及覆盖期间要密切关注茶尺蠖等害虫的发生，要注意防早防小，用低毒低残留农药进行防治。对于有发虫中心的害虫要进行挑治以保护天敌。施药时按照建议浓度进行配制，切忌盲目提高剂量。提倡采用弥雾机或植保无人机等雾化程度高的器具进行低容量喷雾，对于茶尺蠖、叶蝉等蓬面害虫，实行蓬面扫喷；对于黑刺粉虱幼虫等茶丛中下部害虫，提倡侧位喷雾。尽量减少药剂施用次数，避免长期在同一地区单一使用一种农药，要轮换使用具有不同毒理机制，不产生交互抗药性的药剂，以延缓抗药性的产生。生物农药的活性受环境因素影响较大，应储存于阴凉干燥处，一般在早晚或阴天进行喷药。具体根据产品要求进行喷施和储存。

四、抹茶园常见病虫害的防治

（一）茶尺蠖

1. 清园灭蛹

结合茶园秋冬季管理，将根际附近落叶和表土中的虫蛹深埋入土。

2. 灯光诱杀

成虫羽化期打开天敌友好型杀虫灯诱杀成虫。

3. 悬挂性信息素诱捕器

茶园中放置茶尺蠖性信息素诱捕器诱捕成虫，以减少下一代幼虫发生量。

4. 药剂防治

成龄投产茶园幼虫数达到7头/m²以上时，优先采用生物农药及早防治。可在3龄幼虫前喷施100亿孢子/mL短稳杆菌悬浮剂500～700倍液、0.6%苦参碱水剂800～1 000倍液、2.5%溴氰菊酯乳油3 000～4 000倍液、24%虫螨腈悬浮剂1 500～2 000倍液、15%茚虫威乳油2 500～3 500倍液、5.3%联苯·甲维盐微乳剂2 000～4 000倍液，喷雾施药方式以低容量蓬面扫喷为宜。

（二）小贯小绿叶蝉

1. 及时采摘

生产季节适时分批多次采摘，以降低虫口基数。

2. 光色诱杀

茶园插放天敌友好型色板和安装风吸式杀虫灯可诱杀部分成虫。

3. 药剂防治

第一峰峰前百叶虫口数超过6头、第二峰峰前百叶虫口数超过12头的茶园应全面施药防治。防治适期应掌握在入峰后（高峰前期），且田间若虫占总虫口数80%以上。施药方式以低容量蓬面扫喷为宜。可选用24%虫螨腈悬浮剂1 500~2 000倍液、15%茚虫威乳油2 500~3 500倍液、10%联苯菊酯水乳剂2 000~3 000倍液、30%茶皂素水剂400~700倍液等。

（三）茶橙瘿螨

1. 分批采摘

由于茶橙瘿螨绝大部分分布在一芽二三叶上，及时分批采摘可带走大量的卵和成、若螨。

2. 农药防治

要加强螨情检查，确保在害螨发生高峰期前用药。每平方厘米叶面积有茶橙瘿螨3～4头时应喷药防治。施药方式以低容量蓬面扫喷为宜。在螨口数量上升初期选用99%矿物油150～200倍液、0.5%藜芦碱可溶液剂1 000～1 500倍液、24%虫螨腈悬浮剂1 500～2 000倍液等进行防治。

3. 释放捕食螨

对于只是螨害较重而其他病虫发生较轻的茶园，可释放捕食螨，控制害螨为害，每公顷挂放捕食螨300袋左右。在释放捕食螨前把应该防治的病虫螨害控制好，避免释放捕食螨后再使用农药，以免杀死捕食螨。秋末用石硫合剂或矿物油封园。

（四）黑刺粉虱

1. 疏枝清园

针对该虫喜郁闭荫湿的特点，及时修枝、整枝，保持茶园通风透光。

2. 色板诱杀

越冬代成虫羽化始盛期，插放黄板诱杀成虫，每公顷200～300块。

3. 药剂防治

在卵孵化盛末期，选用99%矿物油150～200倍液进行侧位喷洒，重点喷至中下部叶片和叶背。

（五）茶丽纹象甲

1. 振落捕杀

利用成虫假死性，在成虫盛发期振落捕杀。

2. 茶园耕作

7—8月进行耕锄和秋末施基肥时翻耕土壤，可将幼虫翻出地表以减少越冬虫口基数。

3. 生物防治

采用400亿孢子/g白僵菌可湿性粉剂进行防治：可结合秋冬季翻耕土壤采用毒土法防治幼虫和蛹，1 500g/公顷；也可在成虫出土盛期前10天采用喷雾法防治成虫，用量1 500g/公顷。

4. 药剂防治

每平方米虫量在15头以上时，于成虫盛期喷施2.5%联苯菊酯乳油750～1 000倍液、0.3%苦参碱水剂750～1 000mL/公顷。15%茚虫威乳油200～300mL/公顷或10%联苯菊酯水乳剂2 000倍液。

（六）绿盲蝽

1. 清除杂草和修剪枝

结合茶园管理，春茶前清除杂草。茶树轻修剪后，应清理剪下的枝梢。

2. 药剂防治

宜在越冬卵孵化高峰期，选用240g/L虫螨腈悬浮剂2 000倍液、1%苦参碱可溶液剂1 200～2 000倍液进行防治。

（七）茶炭疽病

1. 茶园管理

做好积水茶园的开沟排水，秋、冬季清除落叶，选用抗病品种，适当增施磷、钾肥，以增强抗病力。

2. 药剂防治

对于发病严重的地块，可在发病初期或发病前用药防治，药剂可选用25%吡唑醚菌酯乳油1 000~2 000倍液，或10%苯醚甲环唑水分散粒剂1 000~1 500倍液。

（八）茶饼病

1. 苗木检疫

加强苗木检疫，防止茶饼病菌通过茶苗调运传播。

2. 茶园管理

勤除杂草，清除茶园过多遮阴树，促使茶园通风透光良好；适当增施磷钾肥和有机肥，以增强树势。及时分批多次采摘鲜叶，病害发生严重时，可在春茶采后重修剪，茶枝叶集中处理以减少侵染源。

3. 冬季封园

冬季清园后可喷施45%石硫合剂结晶粉150倍液或绿颖矿物油150～200倍液进行封园。

4. 药剂防治

病害发生时可选用3%多抗霉素可湿性粉剂300倍液、25%吡唑醚菌酯乳油1 000～2 000倍液进行防治。

抹茶园病虫害防控技术要点、主要病虫害防治指标及防治适期分别如表3-3、表3-4所示。

表3-3　抹茶园病虫害防控技术要点

防控技术	实施要点
性信息素诱捕器使用技术	1. 悬挂时间：为提高防效，诱捕器应早于越冬代成虫羽化期放置，要结合预测预报及时悬挂 2. 放置高度及密度：诱捕器应大面积连片使用，每公顷放诱捕器45~60套，诱捕器间距15 m左右，可根据田间虫口数量适当调整，悬挂时诱捕器应高于茶丛蓬面15～25 cm 3. 为确保诱捕效果，诱捕器粘虫板粘满虫或被雨水打湿失去黏性时，要及时进行更换 4. 信息素产品易挥发，诱芯需在-15～-5℃冰箱中保存，开封的诱芯要尽快使用 5. 为保证诱捕效果，诱芯应按产品说明书要求定期进行更换，一般情况下1～2个月更换1次诱芯

（续表）

防控技术	实施要点
灯光诱杀技术	1. 挂灯高度及密度：杀虫灯应大面积连片使用，其悬挂高度应高于茶棚40~60 cm，每盏灯可控制1.0~1.5 hm²茶园（灯间距55~65 m） 2. 开灯时间：使用中应结合田间虫情测报，在目标害虫始峰期开灯，避免在天敌高峰期开灯，更不能常年开灯，开灯最好采用光控模式，设置成天黑后自动开启，工作3 h后自动关闭，雷雨天气不要开灯 3. 杀虫灯的日常维护：杀虫灯的接虫袋要定期进行清洗，高压触电网上的害虫残体及其他杂物要在切断电源后进行清除
色板应用技术	1. 色板颜色选择：防控叶蝉、黑刺粉虱时可使用数字化黄板或天敌友好型色板，防控蓟马时应插放蓝色粘虫板进行诱捕 2. 放板时间：为提高诱捕效果，应从害虫发生初期开始悬挂色板，以有效压低虫口数量 3. 放置方式：每公顷插放色板300~400张，色板高于茶蓬面20 cm左右，垂直于茶行进行悬挂 4. 当色板黏虫过多，黏性减弱时，要及时更换，使用完的色板要进行回收
捕食螨释放技术	1. 释放时间：释放捕食螨时要掌握好投放时间，应在晴天傍晚进行投放，如释放后两天内下大雨，会造成捕食螨死亡，影响防治效果 2. 释放方式：要根据靶标猎物的密度确定释放量，当茶园害螨密度较低时，在点片的发生中心进行接种式释放；当害螨密度高且分布均匀时，采取淹没式大量释放 3. 释放捕食螨前20天左右要对茶园病虫害发生情况进行系统调查，把应防治的病虫螨害控制好，释放捕食螨后禁用杀虫杀螨剂 4. 购买的捕食螨收到后要放在通风阴凉处，并在3天内释放出去；释放时将包装袋两边剪开缺口，挂在树冠中上部分权处，避免阳光直射
生物农药使用技术	1. 生物农药活性受茶园温湿度等环境因子影响较大，使用生物农药时，可在傍晚或阴天时喷施，特别是对于产生芽孢的生物农药，因阳光中的紫外线对芽孢有杀伤作用，因此在施用时应尽量避开强光，增强芽孢活力，使其充分发挥药效 2. 生物农药应存放在阴凉干燥处，避免阳光直射 3. 要加强测报，严格按照防治指标适时适量用药，宜采用"两次稀释法"进行配制 4. 要喷施得均匀周到，特别注意叶蝉、螨类和黑刺粉虱幼虫等附在叶片背面为害，务必将叶片喷湿、喷透 5. 为提高防治效果，应在害虫低龄幼虫期采用弥雾机或植保无人机等高性能喷洒机械进行喷施 6. 生物农药不能与杀菌剂或碱性农药混用

（续表）

防控技术	实施要点
封园技术	1. 可应用矿物油或石硫合剂进行封园。应用石硫合剂时，因其具有强碱性，忌与波尔多液、铜制剂、机械乳油剂及在碱性条件下易分解的农药混用，应现配现用；应用矿物油封园时要在配药后 40 min 内喷完，不能与三唑锡、百菌清、硫磺及铜制剂混用。封园时使用一种药剂即可 2. 喷施时要将茶树整株喷湿喷透，如使用机动弥雾机或担架式喷雾器喷施，一定要喷到有微沥水的现象 3. 封园期的迟早应视气候条件和茶树长势而定 4. 石硫合剂具有腐蚀性和强烈的臭鸡蛋气味，在配药及施药时应戴口罩和穿保护性衣服，不要逆风喷施，施药后应及时清洗全身，做好个人防护

表3-4 抹茶园主要病虫害防治指标及防治适期

病虫害名称	防治指标	防治适期
茶尺蠖	成龄投产茶园：幼虫量每米茶行10头	茶尺蠖病毒制剂在1龄至2龄幼虫期喷施；植物源微生物源及化学农药在3龄幼虫期前喷施
小贯小绿叶蝉	第一高峰（5月下旬至6月上旬）百叶虫口数超过6头；第二高峰（9月上中旬）百叶虫口数超过12头	入峰后（高峰前期），且若虫占总量的80%以上
茶毛虫	每百丛茶树有卵块5个以上	3龄前幼虫期
黑刺粉虱	小叶种2~3头/叶，大叶种4~7头/叶	卵孵化盛末期
茶橙瘿螨	每平方厘米叶面积有螨虫3~4头	发生高峰期前
茶炭疽病	茶树嫩叶初见病斑	5月下旬至6月上旬，8月下旬至9月上旬，在新梢（芽）叶期喷雾防治
茶丽纹象甲	茶树根颈部0.11m²（深6cm）内有幼虫和蛹数达5~7头	白僵菌防治应掌握在蛹盛期
茶黑毒蛾	第一代幼虫量每平方米4头以上；第二代幼虫量每平方米7头以上	3龄前幼虫期
茶刺蛾	幼虫数幼龄茶园每平方米10头，成龄茶园每平方米15头	病毒农药防治、植物源农药或细菌农药防治在2~3龄幼虫期

五、抹茶园杂草防控

抹茶园环境复杂多样，利于各种杂草的繁殖生长。特别是幼龄茶园枝条稀疏，地面覆盖率低，杂草更容易生长。杂草具有生命力顽强、生长繁殖快、生物量大的特点，杂草与茶树争水争肥，导致叶片黄化脱落，茶蓬发育滞缓，直接影响茶叶的产量与品质。杂草还可为病虫害的滋生提供庇护所，成为茶树病虫害的侵染源。此外，杂草还给茶叶机械化采摘、修剪等作业带来不便。因此杂草防除已成为抹茶园灾害防御管理的重要工作。

（一）抹茶园杂草主要种类

截至2018年，中国茶区共报道茶园杂草名录759条，其中有效名录241条，分属57科166属。茶园杂草主要有菊科、禾本科、蓼科、伞形科、唇形科、蔷薇科、苋科等，以一年生杂草为主。抹茶园发生较为普遍的杂草主要有马唐、狗尾草、蟋蟀草、狗牙根、辣蓼、香附子和菟丝子等（图3-38）。不同茶园往往以一种或几种优势草种为主，同时混生其他多种杂草，茶园地理位置、气候、季节及土壤状况不同，杂草的种类和发生情况也不尽相同。

马唐　　　　　　　　　狗尾草　　　　　　　　莎草

图3-38　抹茶园杂草

（二）抹茶园常用除草方法

1. 人工除草

人工除草是靠人工劳动力的形式防除杂草，是一种传统的，也是在抹茶园中使用最多的除草方式。主要包括手动拔除、锄头铲除或者耕除等措施，具有简单、直接、无污染等特点。对于一年生杂草，可以用浅耕的方式处理。对于多年生的顽固性杂草，用深耕的形式效果较好。在新建抹茶园和改造老茶园时通过深耕细作，可以较有效地减少杂草，特别对于香附子、狗牙根等顽固性杂草的根除效果较好。拔除或者耕作的杂草，要带出茶园暴晒或直接深埋于土壤，以防止杂草复生。人工除草虽然是一种有效的控草途径，但其对劳动力需求大，用工成本高，持续无草害时间短。

2. 利用除草剂除草

化学除草剂根据其作用方式可分为触杀型和内吸传导型。触杀型除草剂只对接触到的植株部位起杀伤作用，在杂草体内不会传导移动，对根系伤害小，持效期短，由于根系存活，有利于茶园的水土保持。内吸传导型除草剂可被杂草茎叶或根系吸收而进入体内，向下或向上传导到全株各个部位，对杂草根系有较大的杀伤作用，持效较长。在使用时可根据茶园具体情况进行选择。

在使用除草剂时要严格控制药量，并将喷头压低或喷头上装保护罩，以防药液漂移到茶树上引起药害。喷除草剂后喷雾器要冲洗干净，以免使用同一药械喷施杀虫、杀菌剂时产生药害。注意适时用药，一般情况下，在杂草生长的旺盛前期施用除草剂，具体使用次数应视茶园杂草情况而定。

化学除草剂虽然具有简便高效的特点，但长期使用会影响茶园生态环境和生物多样性，导致杂草抗性增加和茶园草相的变化，加大防治难度，还有可能造成茶产品农残超标。作为化学除草剂的替代措施，生物除草剂具有环境友好、专一性强、无农残风险等优点。国内外已研发出一些生物除草剂产品。

3. 覆盖除草

一种是将秸秆、稻草、茶树修剪枝等覆盖于茶行间（图3-39），调节茶园土壤温度，改变土壤中杂草种子的光环境，阻碍杂草光合作用，抑制杂草生

防草布覆盖

地膜覆盖

图3-39 覆盖除草

长和种子萌发，进而降低杂草的相对密度。此外，茶园铺草还能提高土壤肥力，减少水分蒸发，防止水土流失。

一种是覆盖地膜和防草布等阻挡光线透入，抑制杂草萌发生长（图3-38）。适合在幼龄茶园和未封行茶园使用，能有效控制杂草，减少水分蒸发，提高土壤含水量，同时还能在一定程度上防止病虫害的发生。

4. 间作植物控草

以草控草是在茶园间种三叶草、大豆、紫花苜蓿等植物，通过生存空间占位和分泌抑制杂草的化感物质来达到防控杂草的目的。特别是对于幼龄期茶园和低产改造茶园来说，适当间作豆科植物或高光效牧草，当绿肥生长到一定阶段，可以刈割后深埋，或晒干后直接覆盖到茶行间，既能抑制杂草生长，改善茶园生态环境，又能提高土壤肥力，提高茶树长势（图3-40）。

图3-40 间作植物控草

第四章 抹茶园覆盖与采摘

第一节 覆盖管理

遮阳覆盖是抹茶生产中的必需环节。覆盖能使茶叶形成鲜爽滋味、鲜绿色泽，并具海苔味和覆盖香等抹茶的特殊品质特征。在日本宇治地区，覆盖的最初作用是为了防止霜冻而进行的。后来发现覆盖后的茶园生产的抹茶感官品质优于露地栽培，从此覆盖栽培便逐渐普及。遮阳覆盖能改变茶园小气候，使光照减弱，空气湿度和土壤水分增加，减小日气温极差，茶树体内的碳、氮等物质代谢发生一系列变化，进而改变茶叶的内含物质，使其形成抹茶特有的品质特征。

一、覆盖方法

在抹茶茶园中覆盖的方式主要有棚式覆盖和直接覆盖两种。

棚式覆盖，即在茶园中搭建棚架，将覆盖材料铺于架上（图4-1）。棚架支撑柱可以选择使用水泥柱、钢管、竹子、木头等材料。支撑柱需插入土中30～40 cm深，茶园四周的支撑柱顶端用铁丝、竹子等材料斜着与地面连接，构成三角形来加固（图4-2），或用木条等支撑材料在1.2 m向下与立柱成三角形固定（图4-3）。遮阳棚架高度要略高于作业人员的身高，一般距地面1.7～1.8 m高（由于支撑柱需入土30～40 cm，其长度至少要2.1～2.2 m）。在立柱顶端架设竹子、细钢管或拉粗铁丝，加以固定后形成网格状棚面（图4-4）。再将遮阳网等覆盖材料铺在棚面上，用绳子固定到棚架上。

棚架覆盖茶园可使用遮光度为98%的黑色遮阳网覆盖20天以上后采收，此外，也有按照不同阶段使用不同遮光度覆盖的方法。早期的日本宇治地区采用分阶段的"本簀覆盖"，即用木桩或竹子作为棚架的支撑柱，柱子1.8 m高处水平方向架设竹子，再将芦苇帘铺在竹架上。采摘前"簀下十日、稻草

图4-1　抹茶园棚式覆盖

图4-2　茶园四周的支撑柱用铁丝
斜拉到地面加固

图4-3　茶园四周的支撑柱用竹子
斜撑到地面加固

图4-4　钢管连接处用电焊或铁丝固定

下十日"，即先铺芦苇帘遮光10天，再将干稻草铺满于芦苇帘之上，再覆盖10天即可采收茶叶。为了生产的便利，当前抹茶生产中多使用混凝土或铁管做成永久棚，用遮光度为95%～98%的黑色塑料遮阳网作为覆盖材料。贵州的抹茶生产也使用分阶段的棚式覆盖方法：当茶树新梢长至一芽一叶时，使用遮阳网或芦苇帘覆盖，使遮光度达到70%～80%。覆盖10天后，可再铺上一层遮阳网，使遮光度达到95%～98%；或者铺上稻草，使遮光度达到92%左右，一周之后再加铺稻草，使遮光度达到98%。共计覆盖21～25天即可采收。采用棚式覆盖时为了使覆盖更加全面，需要在茶园四周架子的垂直面上也悬挂遮阳材料进行覆盖。

　　直接覆盖，即将覆盖材料直接覆盖在茶蓬面。相比棚式覆盖，具有成本低、好操作的优点。当前生产中，直接覆盖使用的材料多为遮阳网。每条茶行分开覆盖，如图4-5所示，遮阳网的宽度应略大于茶棚面宽度，覆盖后将遮阳网两侧用铁丝固定在茶树中下部的树枝上。茶树新梢长到一芽三、四叶期时进行覆盖，使用遮光度90%左右的遮阳网进行两周左右的覆盖。或者在茶树新梢长至一芽二、三叶时，进行为期20天左右、遮光度85%~90%的覆盖。直接覆盖应避免在强光高温季节使用高密度遮阳网进行，强光下的高密度遮阳网会迅速吸热升温，导致新梢被灼伤。

若常规生产茶园临时进行抹茶生产，为了减少前期的准备工作和生产成本，在春季可使用遮光度75%左右的遮阳网进行直接覆盖；也可使用较易获得的竹子、木桩等材料进行棚架的简易搭建后再覆盖，如图4-6、图4-7、图4-8所示。

图4-5　抹茶茶园直接覆盖

图4-6　使用竹子和铁丝搭建
的遮阳棚架

图4-7　使用竹子搭建的遮阳棚架

图4-8　使用木头和竹子搭建
的遮阳棚架

二、覆盖对茶园小气候的影响

茶树喜阴喜湿，忌强光直射，更能利用散射光。新梢生长最适宜温度为20~25℃，能耐35~40℃高温。通过适度覆盖能减少茶园直射光，增加散射光，改善空气温湿度、土壤含水量及肥力等环境条件，提高抹茶品质。

（一）覆盖对光照的影响

植物的光合作用强度随着光照强度的升高而增强，当光照强度到达光饱和点后，光合强度便随着光照强度的升高而下降。覆盖能显著降低茶蓬面的光照强度和光合有效辐射，减少直射辐射，增加散射辐射。覆盖材料的遮光度越高，则透过的光照强度越弱。对于喜阴的茶树而言，在强光下适当遮光可以提高其光合效率。阳光经过遮挡照射到茶蓬面时蓝紫光增加，有利于氮代谢，使抹茶中氨基酸、咖啡碱含量增高。不同颜色材质的遮阳网能显著改变光质，使抹茶内含物质发生变化。

（二）覆盖对空气温湿度的影响

据研究，叶温32℃是茶树叶片净光合作用的最适温，当叶温升至39～42℃时，净光合速率为0。空气相对湿度73%～85%时，对抹茶产量和品质形成均有利；低于60%时，茶树呼吸作用强、光合作用弱，使抹茶产量低且品质差。覆盖通过减弱光照、降低风速、减少水分蒸腾，能稳定空气温度，显著提高茶园的空气湿度。胡永光研究表明，在春末进行覆盖，能减小冠层气温日极差，降低茶树冠层气温，遮光度越高，气温降幅越大；遮阳能增加空气湿度，遮光度越高，增湿效果越明显。进行遮光度60%高2 m的棚架覆盖，可使冠层日最高气温下降1.2～3.9℃，平均相对湿度增加5.9%～9.0%。肖润林等在夏秋季进行茶园覆盖试验，茶园平均空气温度、茶树叶面平均温度、茶园地面平均温度均随着遮光度的提高而降低；茶园空气湿度随着遮光度的提高而增加。遮阳覆盖使茶园环境温湿度达到茶树的适宜水平，有利于茶树生长及抹茶品质形成。光照强度影响茶树碳、氮代谢的比例，温度高低影响了光合作用的速率，两方面协调作用，共同影响了抹茶的品质。

（三）覆盖对茶园土壤条件的影响

茶树根系在土温20～26℃时生长最好，超过29℃时生长缓慢、吸收功能减退，当土温高于37℃时根系则会坏死。覆盖能降低茶园土层温度，减少土壤表面水分蒸发，提高土壤含水量。肖润林研究表明，夏秋季使用37%、61%、80%遮光度的遮阳网覆盖，可以使土壤平均温度降低2.4～10.5℃；61%、80%遮光度的覆盖能有效提高茶园土壤含水量。王国夫研究表明，覆盖后的茶园土壤酶活性、微生物多样性及丰富度均高于未覆盖茶园；有机质、全磷、水解氮、全氮、有效磷、有效钾均显著高于未覆盖茶园。遮阳茶园的土壤有机质含量达49.8g/kg，显著高于未遮阳茶园土壤有机质含量32.5g/kg。覆盖能增强茶园土壤肥力、提升土壤质量，有利于受损茶园土壤生态系统的恢复和重建。

三、覆盖对茶树生长的影响

王雪萍的研究表明，茶树叶片胞间 CO_2 浓度随遮光度的增加而降低，净光合速率、蒸腾速率、水分利用率随着覆盖遮光度的增加显著下降。进行适度遮光（55%遮光度），茶树叶片的光合速率和水分利用率降低较少，与对照无显著差异。李慧玲研究表明，适度覆盖后，茶树叶片及其表皮层、角质层和栅栏组织厚度均明显变薄，叶面积增大，叶质变软，有利于叶片在弱光环境下吸收更多的光照，同时也有利于抹茶的研磨加工。覆盖后，茶树新梢含水量增加2.9%~3.9%，有利于茶树进行光合作用、提高新梢持嫩度及增强夏秋季茶树的抗旱能力。

李慧玲和江新凤研究表明，夏季进行适度茶园遮阳覆盖，可以显著降低树冠层温度，增加相对湿度，缩短温湿度日较差，减少强光、高温、低湿对光合作用的抑制。从而有利于茶树生长，提高百芽重并增加发芽密度，新梢持嫩性增强，整齐度提高，茶叶产量增加。而在秋季进行30~35天遮光度为30%的覆盖，会使茶叶产量降低。江丰的研究表明，春茶采摘末期遮阳有利于茶树新梢的长度和粗度的增长。在石元值的研究中，夏季覆盖后，茶叶产量有所下降，但降低程度未达到显著水平。王文建的研究也得到了类似结论，覆盖后的夏茶发芽密度降低，百芽重增大，但产量与未覆盖处理水平相当。在抹茶生产中，覆盖在新梢长出之后进行，所以对发芽密度的影响较小。产量的增减与覆盖后茶蓬面所接收的光照强度及覆盖时长有关，叶片所接受的辐射总量直接影响其光合产物的积累。因此，适度的遮光覆盖有利于抹茶品质及产量的提高，过度的遮阳则不利于茶树生长及产量增加。

四、覆盖对茶叶品质的影响

遮阳能显著影响茶叶的内含成分，增加茶叶中的叶绿素含量，提高水浸出物含量，降低茶叶粗纤维含量；抑制茶氨酸分解为茶多酚，可以提高抹茶鲜味、降低苦涩味，提升抹茶感官品质。

光照的强弱对抹茶颜色有极大影响。光是植物体内源叶绿素转化为叶绿素的必需条件，光照较低时即可形成叶绿素，而光照强度过高会抑制、破坏叶绿素。夏秋季光照强度高、气温高，不利于叶绿素的形成。光强的减弱，使叶绿素加速合成，使抹茶更加鲜绿（图4-9）。Lan—Sook Lee研究表明，95%遮光度的黑色遮阳网覆盖20天后，茶叶中的叶绿素a和叶绿素b含量分别比对照组高出2.8倍和1.7倍，而叶黄素含量不受覆盖影响，其中叶绿素a对抹茶粉颜色的影响大于叶绿素b。

图 4-9 覆盖后的茶树色更绿
注：上侧为棚式覆盖后的茶树，下侧为未覆盖的茶树，品种均为龙井43。

遮阳能抑制氨基酸转化为儿茶素，可显著提高抹茶中氨基酸含量，多数氨基酸含量会随着遮光度提高和遮光时间的延长而提高。遮阳能优化氨基酸的组成，对茶汤苦涩味具有一定减弱作用的茶氨酸、谷氨酸、天冬氨酸、精氨酸等氨基酸含量增加。茶树鲜叶中丙氨酸、天冬酰胺、天冬氨酸、异亮氨酸、苏氨酸、亮氨酸和缬氨酸等含量都与覆盖有显著关系。

光照强度会影响茶叶中的多酚总量，遮阳使茶叶中多酚类物质总含量显著降低。多数儿茶素合成相关基因的表达受光强的影响，遮阳后总儿茶素含量降低，其中ECG、EGCG含量提高，而EGC、GC含量下降。

Lan—Sook Lee、李徽等研究表明，适度遮光可提高茶叶中咖啡碱含量，顾辰辰研究表明短期（8天）的覆盖会抑制咖啡碱合成，促进可可碱、茶叶碱含量的升高。

春季末、夏秋季遮阳均能显著提高新梢中氮、磷、钾含量，但对钙、镁及铁、锰、铜、锌等微量元素影响不大。

覆盖与未覆盖的蒸青绿茶香气组成比例差异显著，覆盖遮阳后的茶叶香气明显高于未覆盖的茶叶。在遮阳无光条件下，茶树鲜叶出现黄化，使挥发性物质，尤其是苯环类香气物质显著增加。董尚胜研究表明，夏茶覆盖之后游离香气总量增加了84%左右，香气成分增加了壬醇、香叶醇。

茶园覆盖的不同方式、材料、覆盖起始时间、覆盖时长、生产季节等因素都共同影响着覆盖后茶叶感官品质和内含成分的变化。

（一）覆盖方式对抹茶品质的影响

直接覆盖操作更简便，节省搭建架子的成本，但遮阳网直接覆盖会对茶树新梢形成挤压，不利于其生长。丽水市农林科学研究院试验表明，在春季和秋季使用高遮光度（95%）的遮阳网进行直接覆盖，均会使茶蓬面发生热灼伤；春季较秋季灼伤程度轻（图4-10）。棚式覆盖能减少风对叶片的损伤，以及避免高温强光下遮阳网吸热后对叶片的烫伤。王镇和王元凤研究表明，大棚覆盖的抹茶，其外形色泽、内在汤色等感官品质均优于直接覆盖处理的茶叶。内含物质方面，游离氨基酸、叶绿素含量均高于直接覆盖处理，茶多酚、咖啡碱、酚氨比低于直接覆盖处理。

2018年秋季　　　　　　　　2019年春季

图4-10　使用遮光度为95%的遮阳网直接覆盖25天后的茶树灼伤情况

（二）覆盖材料（遮阳网）颜色及遮光度对抹茶品质的影响

抹茶生产茶园中使用的遮阳材料主要有塑料遮阳网、稻草、秸秆等。塑料遮阳网是以高密度聚乙烯、聚丙烯和聚酰胺等单丝为原料，定向拉伸纺织而成。通过控制遮阳网的疏密程度和颜色，可以制作出不同颜色、不同遮光度的遮阳网。使用稻草、秸秆等材料覆盖后的抹茶品质优于遮阳网覆盖的茶叶，但近年来此类材料逐渐难以入手，并且存在成本较高、体积较大、对操作者的熟练程度要求较高、秸秆存在农药残留等问题。而塑料遮阳网有不同的颜色及遮光度，并且重量轻、操作简便、成本较低，在生产中使用最为广泛。

1. 遮阳网颜色对抹茶品质的影响

不同颜色的遮阳网覆盖使茶树接收到不同光质的光照，进一步影响茶树形态结构以及内含物质的形成。茶树叶绿素吸收最多的是红、橙光和蓝、紫光。在各光质下，茶树叶片光合强度从高到低依次为黄光、红光、绿光、蓝光、紫光。在日本中山仰的研究中，黄色薄膜覆盖的茶树新梢最长、叶面积最大；红色薄膜覆盖的茶叶新梢最短、叶面积最小。陶汉之研究表明，蓝、紫、绿光能提高氨基酸、叶绿素、水浸出物含量，降低茶多酚含量；红光有利于光合作用进行，能促进糖类形成，有利于茶多酚生成。蓝紫光与氮代谢有较大相关性，故而蓝紫光也能影响含氮香气物质的种类和含量。黄、蓝光有利于叶绿素b的合成，红光利于叶绿素a的形成。吴庆东试验表明，春、夏季进行蓝紫色膜覆盖均能促进叶绿素和可溶性蛋白生成；在夏季覆盖黄色膜能提高氨基酸和茶多酚含量。根据王能彬的研究，儿茶素与花青素是互相转化的。黄色覆膜下的茶树叶片谷氨酸含量高，促进儿茶素生成，进而增加了花青素含量（表4-1、表4-2）。

表4-1 不同光质对茶树内含物质的影响

光质	茶多酚（%）	咖啡碱（%）	天冬氨酸（mg/100g）	茶氨酸（mg/100g）	谷氨酸（mg/100g）	其他氨基酸（mg/100g）
黄	23.23	4.37	89.61	460.21	146.81	73.68
红	23.36	4.10	—	—	—	—
绿	22.31	3.88	—	—	—	—
蓝	21.40	4.06	70.20	341.80	123.90	55.26
紫	18.93	3.85	60.04	223.36	98.65	39.08
白	23.06	3.68	60.31	313.20	97.10	44.04

表4-2 不同色膜覆盖下茶树花青素含量

塑料膜色	黄	透明	蓝	红	黑	对照
花青素含量（mg/g）	1 688.57	1 621.02	1 528.33	1 446.28	1 257.98	1 547.66

以上研究所用的覆盖材料均为彩色薄膜，而对于茶园中使用彩色遮阳网进行覆盖的研究较少。据北京农业工程大学的测定，在遮阳网纺织结构和疏密程度一致的情况下，不同颜色遮阳网的遮光度有明显差异，黑色遮光度最大，绿色次之，银白色最小。银白色的遮阳网对紫外线和光合有效辐射的透过率高于黑色遮阳网，在高温环境下使用时容易引起灼伤。秦志敏等使用黑

色、绿色、银白色的遮阳网进行茶园覆盖试验，结果表明黑色、绿色的遮阳网均能增加茶叶中氨基酸、咖啡碱的含量，降低茶多酚含量和酚氨比；黑色遮阳网覆盖最有利于茶叶品质，绿色遮阳网次之，银白色遮阳网覆盖则不利于茶叶品质的形成。其原因可能是黑色遮阳网能透过各种波长的光，有利于茶树光合作用的进行和品质的积累；绿色遮阳网透过更多绿色光，降低了茶树对其他波长光的利用率；银白色遮阳网则对光照具有较强的反射作用，不利于茶树对光的吸收利用。石元值研究表明，隔热膜网覆盖的降温、增湿效果及提高叶片叶绿素含量的效果均优于银色网和普通黑网覆盖。在春末、夏、秋季进行茶园覆盖均表现出以下规律：隔热膜网对鲜叶叶绿素、氨基酸、氮磷钾的增加效果最大，对茶多酚、儿茶素的降低效果最显著，苦涩味指数最低。

2. 遮阳网遮光度对抹茶品质的影响

不同遮光度的遮阳网覆盖下，茶树获得不同强度的光照，茶园内通风透气条件也存在显著差异。一系列茶园微环境条件的不同造成了不同遮光处理下茶树生长状态和茶叶内含成分的差异。

肖润林使用37%、61%和80%遮光度的遮阳网覆盖，结果表明叶绿素a和总叶绿素含量、氨基酸含量、水浸出物含量均随遮光度提高而增加，分别比对照高15.9%~57.5%、14.3%~52.2%、2.2%~68.6%、1.1%~6.3%。茶多酚、酚氨比随着遮光度提高而下降，分别比对照低5.4%~15.3%、7.4%~49.8%。覆盖后的茶叶中咖啡碱高于对照6.7%~17.2%，以61%遮光度处理最高。潘根生的研究表明，咖啡碱含量随着遮光度的提高而增加。郭敏明等在杭州茶园进行夏秋季覆盖试验，采用黑色遮阳网直接覆盖，试验不同遮光度（40%、50%、65%、75%）对茶叶的影响。结果表明叶绿素含量基本随遮光度的增加而上升，75%遮光度覆盖的茶多酚下降最多，50%遮光度增加的氨基酸最多。刘青如等在长沙茶园进行夏季覆盖试验，50%、70%和90%遮光度的遮阳网覆盖下，叶绿素含量以70%遮光度处理的最高，90%遮光度处理的最低；90%遮光度处理的茶叶茶多酚含量最低，氨基酸含量最高。遮阳后的产量均高于对照，以70%遮光度处理的产量最高。在王雪萍的研究中，比较了55%、75%、90% 3种遮光度遮阳，以75%遮光度的茶叶儿茶素品质指数、水浸出物含量最高，酚氨比最低，品质最好。王元凤的研究表明，相较于80%的遮光度，100%的遮光处理能提高叶片氨基酸、叶绿素、茶多酚含量，降低咖啡碱、水浸出物含量。程孝研究表明，覆盖能显著降低茶叶中粗纤维含量，双层遮阳网覆盖的处理降低幅度大于单层遮光的处理。

遮光度对内含物质的影响呈现一定的规律，适当遮阳有利于茶叶品质的形成和产量的增加，但并不是遮光度越高茶叶品质越好。由于地区间气候环境有差异，各地茶园覆盖的最优遮光度也不同。

　　3. 覆盖时间对抹茶品质的影响

　　抹茶茶园的生产一般在春季进行。若采用棚式覆盖，需要在一芽一叶时进行70%遮光度的覆盖，随着叶片生长将遮光度逐渐提高至95%~98%，覆盖20~40天为宜。若采用直接覆盖，则使用85%~90%遮光度的覆盖材料，当茶芽为一芽二、三叶时进行1~2周时间的覆盖，具体时长要依当时日照状况、气温及生产需求进行调整。采摘时间以茶树新梢开张度到达80%~90%，开叶数在5~6叶时为宜。

　　不同季节在光照强度、气温、空气湿度等方面均存在差异，因此，相同的覆盖处理在不同季节进行对茶叶的影响也有所不同。秦志敏分别对春茶和夏秋茶进行遮光度（50±3）%的黑色遮阳网覆盖，覆盖对于百芽重、芽密度、新梢含水量的提高效果春季>夏秋季。覆盖后氨基酸提高6.2%~17.1%，提高幅度秋季>夏季>春季；茶多酚降低4.4%~27.7%，降低幅度春季>秋季>夏季；酚氨比下降16.4%~31.8%，下降幅度春季>秋季>夏季；咖啡碱含量提高7.3%~9.5%，提高效果夏季>秋季>春季。张文锦对夏暑茶进行覆盖（夏茶为第二轮萌发的茶叶，暑茶为第三轮萌发的茶叶），遮阳后新梢的叶绿素a和叶绿素b含量均升高；叶绿素总量夏季明显高于暑季；叶绿素a、叶绿素b比值，夏季明显低于暑季。

　　覆盖时长也是覆盖后抹茶产量及品质的重要影响因素。在韩文炎的研究中，覆盖两周的叶绿素含量比覆盖一周的高，且叶片中叶绿素含量在覆盖后初期提高较快较多，而后期相对较慢较少。李慧玲在夏、秋季，分别在茶叶修剪后第10天、20天、30天进行遮光度30%的覆盖，并在同一天进行采摘。结果表明夏季遮阳能提高净光合速率、促进茶树生长，随着遮阳时间的延长，产量增加；而秋季覆盖，茶叶产量及净光合速率均低于对照，随着遮阳时间的延长，产量降低。李徽研究表明，使用80%遮光度的黑色遮阳网进行7~25天茶园覆盖，随着遮阳时间的延长，叶绿素含量及氨基酸总量增加，茶多酚降低，酚氨比降低；遮阳后茶叶咖啡碱增多，但其含量与遮阳时长无显著关系。王元凤使用100%遮光度的黑色遮阳网进行19天、25天的直接覆盖，19天遮阳处理的茶叶中氨基酸、咖啡碱、叶绿素、水浸出物含量高于25天遮阳处理；茶多酚含量低于遮阳25天处理。因此最优的覆盖时长还因遮阳网遮光度而异。覆盖时间过长可能会导致树势变弱。

　　五、遮阳网的收纳管理

　　抹茶实际生产中，遮阳网连年重复使用，一般可使用3~5年。遮阳网在露天曝晒条件下容易老化，遮光度也随之降低，影响遮光效果。使用3年以上的旧遮阳网，透光率增加，老化程度加重，建议采用双层覆盖来提高遮阳度。为了延长遮阳网的使用年限，应在生产结束后及时将干燥的遮阳网进行收纳整理，存放于遮光处。为减小遮阳网收纳后的体积，可以将遮阳网折叠后卷成筒状，扎紧后进行堆叠存放。若没有用于存放遮阳网的仓库或大棚，可找空地进行堆放，但需要注意避光、防雨水。土壤中的微生物可能会加速遮阳网的降解，因此最好用竹子或其他材料作底部铺垫，再将捆好的遮阳网堆上，避免直接接触土壤。

覆盖是抹茶生产中的必要环节，能显著改善茶园小气候、提高抹茶品质。相比于直接覆盖，棚式覆盖更有利于抹茶品质形成。覆盖方式、覆盖材料、遮阳网颜色及遮光度、覆盖时长、生产季节、地理环境、茶树品种等因素都共同影响着茶叶品质。

在覆盖材料上目前关于新型覆盖材料和彩色遮阳网的研究较少，寻找新的覆盖材料可能更有利于抹茶生产。在大面积的抹茶生产中，遮阳网使用量大，如何更好地整理收纳及保存也是急需解决的问题之一。

当前在茶园覆盖方面的研究多针对提高夏秋茶品质进行，其生产出的茶叶不一定符合抹茶的产品需求。抹茶生产一般在春季进行，因此，是否能通过覆盖材料的开发和选择、覆盖方式的改良、选择茶树品种等方法使夏秋季节生产出品质较好的抹茶还需进一步研究。

第二节 采摘技术

抹茶采摘分为人工采摘和机械采摘两种。通常人工采摘的鲜叶作为高档抹茶的加工原料，机械采摘的鲜叶作为中低端抹茶的加工原料。但近年来随着经济的发展，大量农村劳动力向第二、第三产业转移，人工采茶已成为茶产业发展的瓶颈，机械采摘已成为抹茶生产的必然趋势。

一、人工采摘

（一）采摘时间

抹茶园覆盖天数达到18~20天，目测新梢长到一芽5~8叶时即可开始手采（图4-11）。

（二）手采技术

手采的方式是留枝提采，就是在不折断嫩梢主茎的情况下，用手从下往上提采下5~8片叶片及最上端的嫩梢，上端最嫩处以自然提断为准，装满后及时装进大的包装袋运输（图4-12、图4-13）。

图4-11　抹茶采摘前1天

图4-12　手采下的鲜叶

图4-13　抹茶园鲜叶手采

（三）采后修剪

手采过后，要把茶园按照长势进行轻修剪（图4-14）或者重修剪（图4-15），剪去手采后留下的主茎，同时进行追肥，确保茶园恢复长势。

图4-14 采后轻修剪

图4-15 采后重修剪

二、机械采摘

茶叶机采技术具有低成本、高效率的特点，在抹茶生产中被广泛应用。机械采茶和手工采茶相比，可以提高功效10倍以上，节约采茶成本30%以上。并且，机采鲜叶的质量和整齐度明显优于粗放手采。

（一）采摘时间

机采抹茶园适期采摘是取得优质高产的关键。一般根据茶树品种、茶类、茶季、采摘批次等多种因子综合考虑确定。如以一芽五、六叶及其对夹叶为标准新梢，当有70%左右的新梢达到采摘标准时就可以机采，夏秋茶有60%新梢符合标准时即可机采（图4-16）。

图4-16 机采前（左）后（右）抹茶园

茶青的采摘一般选择达到覆盖天数要求的晴好天气，尽量避免雨天采摘。采摘前准备好足够的收容袋以及装运车辆。

（二）机采装备

抹茶生产上应用的采茶机主要有双人采茶机和单人采茶机。大面积抹茶园以双人采茶机为主，小块抹茶园可采用单人采茶机。采茶机的配置，要根据生产规模与机械作业效率来确定，一般台时工效和年承担作业面积分别为：双人采茶机0.1hm²和4.5hm²左右，单人采茶机0.04hm²和1.7hm²左右。

1. 双人采茶机

双人采茶机是一种由两人手抬跨行作业的采茶机，主要由汽油机、减速往复机构、刀片、集叶风机、集叶风管、集叶袋和机架等部分组成（图4-17）。

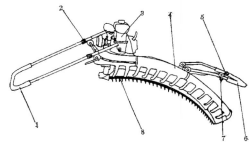

1—副把手
2—锁紧套
3—汽油机
4—风管
5—离合器手柄（上）、油门手柄（下）
6—主把手
7—停机按钮
8—刀片

图4-17　双人往复切割式采茶机

（1）汽油机

作用是为采茶刀片往复运转及风机集叶提供动力。由于双人采茶机消耗动力较大，故所配用的动力多为1.1～1.47kW（1.5～2.0马力）的小型汽油机。国内引进的日本双人采茶机，动力个别也有使用2.21kW（3.0马力）以上的。

（2）减速往复机构

作用是将汽油机产生的动力传递到刀片。汽油机的动力输出轴与风机轴直通，直接传动集叶风机以同样转速运转。风机轴的另一端则通过O型三角皮带传动（速比1：2），将动力传到减速箱，进行减速（速比1：2），同时减速箱的动力输出轴通过偏心轮（曲柄）机构带动上、下刀片作相反方向往复运转，从而对茶芽进行采摘。在三角皮带旁设有张紧轮，由离合器手柄通过拉线控制，当将离合器手柄扳到"合"时，张紧轮压紧三角皮带，刀片运转；若离合器手柄处在"离"时，张紧轮脱离三角皮带，三角皮带则放松带滑，动力则停止传向刀片，刀片停止运转。

（3）刀片

用于切割茶芽。双人采茶机使用的为整体式刀片，加工有三角形刀齿，齿高30mm，齿距35mm，刀齿两边夹角（切割角）20°～24°，两边并开有刃口，刃角45°。刀片长度有800～1 200 mm多种规格，使用较多的为1 000mm。刀片有弧形和平形两种，小叶种茶园采摘多用弧形刀片，大叶种茶园则多用平形刀片。弧形刀片的曲率半径有1 150mm和1 200mm两种。

（4）集叶风机

用以提供集叶所需的风量，采用离心蜗壳式风机。这种风机体积较小，风量大，风压较高，可满足双人采茶机送风需要。

（5）集叶风管

用于把风机产生的风量送出，从而将采下的芽叶吹入集叶袋中。集叶风管用工程塑料制成，主风管进口端直径较大，随后渐小，以保证前后风压均匀。在主管上分布多根支管，支管出风口位于刀齿前上方，当主管中的气流从支管高速喷出，刀齿采下的芽叶则被顺利吹入集叶袋内。

（6）集叶袋

用于收集采下的芽叶。用高强度尼龙布缝制而成，长3 m，宽度略宽于采茶刀片长度，袋前端上方有排气纱网，袋口有张紧用橡皮筋，并有数个与采茶机上挂袋钩相对应的挂孔，作业时挂在采茶机上。

（7）机架用于安装汽油机、刀片、风机及集叶风管、减速传动机构和集叶袋等。主要由铝合金板、管及铸铝零件组成。机架上装有可灵活调节的主、副操作把手，离合器和油门操作手柄装在主操作把手上。机架的下部为助导板，作业时可滑动在茶树蓬面上，以减轻机器手抬重量并稳定采茶高度。

双人采茶机的特点：机型轻巧，两人手抬作业，操作方便，相对比较轻快省力，采摘利落，集中干净，工效高，采摘的鲜叶质量好，但在沟坎茶园中应用较困难。

2. 单人采茶机

单人采茶机是一种采茶机头与汽油机用软轴相连并传动，由单人背负汽油机和手持采茶机头进行采茶作业的采茶机，主要由汽油机、软轴、采茶机头和集叶袋组成（图4-18）。

单人采茶机由于采幅小，故汽油机的功率只需0.59～0.81 kW（0.8～1.1马力）即可，汽油机装在一个背架上，可用背带背在身后。软轴是由一根外套柔性橡胶保护套管，直径为10 mm，长度为800 mm的弹簧组成，一端可与汽油机的动力输出轴联接，另一端联接采茶机机头的动力输入轴，它可在一定弯曲状态下传递扭矩。采茶机头是单人采茶机的采叶机构，由能够起到减速和带动风机旋转，并使刀片往复运转的减速转动箱、刀片、集叶风机、机架及集叶袋组成。上、下刀片工作幅宽为340mm，刀齿高30mm，齿距30mm，

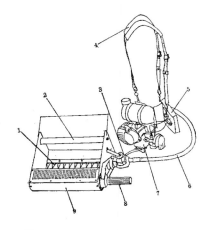

1-刀片
2-把手
3-减速往复传动箱
4-背带
5-腰垫
6-软轴
7-汽油机
8-把手
9-集叶风机

图4-18 单人往复切割式采茶机

切割角13°，刃角45°。集叶风机叶轮结构为圆筒式长板百叶窗形式，轴向长度与刀片幅宽相同，旋转时所产生的风量与风压，能够利落地将刀片采下的茶叶吹入集叶袋内。集叶袋前端上部有用尼龙纱网制成的窗口，用以排出空气。袋底不封口，采摘时用手抓住或打结，出叶时将采下的鲜叶从袋底倒出。

单人采茶机的特点：机体小巧，操作方便，适于沟坎和小块茶园应用，采摘鲜叶质量也较高，但是工效较低。

（三）机械采茶作业技术

1. 双人采茶机的操作

双人采茶机可由两人操作，即一名主机手，一名副机手，集叶袋拖拽前进。为提高采茶机使用效率和机采工效，减少集叶袋损坏，一般以5人组成1个机组，3人同时操作，2人轮换休息或搬运鲜叶。操作方法是主机手（非动力端）背向采茶机的前进方向，后退作业；副机手（动力端）面向主机前进作业；集叶手手持集叶袋尾端，面向采茶机随主机手前进。在作业时，主机手应时刻注意刀片的剪切高度与鲜叶的采摘质量，使刀片保持在既采尽新梢，又不采入老枝、老叶的位置。副机手应密切配合主机手作业，在一般情况下由于采茶机墙板的遮挡，副机手看不到刀片的运动情况。但采茶机的动力端墙板的下方设有一个红色的标志，这一标志正好与刀片的高度一致。副机手在作业时应观察标志的位置，确定切割面的高度。另外，将采茶机的导叶板挂在茶蓬上前进，也是掌握切割面高度的好方法，这样既方便高度的掌握，又可由茶蓬支撑一部分重量，减轻劳动强度。集叶手在作业时也应与两名机手密切配合，集叶不多时可以用右手持集叶袋尾端，随主机手前进。集叶较多时，重量增加，则集叶手应向前一步，用右手持集叶袋的尾端，左手托起集叶袋的中部，随主机手前进。这样既可承担起集叶袋的重量，减少两名机手前进时的负担，提高采摘工效，又可减少集叶袋的磨损，延长使用寿命。

双人采茶机在前进时应与茶行走向呈一定的角度。角度大小由采摘面的宽度与采茶机切割幅度来确定。150 cm行距的弧形茶树，行间留20 cm操作前隙，树幅130 cm，若使用切割幅度为100 cm的采茶机，适宜的前进夹角为60°左右（图4-19）。

图4-19　鲜叶机采

双人采茶机需要来回两次才能采完1行茶树，去程应采去采摘面宽度的60%，即剪切宽度超过采摘面中心线10cm左右，回程再采去剩余的部分（图4-20）。回程时副机手应特别注意两点：一是使回程的剪切面高度与去程一致，采摘面两边高度吻合，不形成阶梯；二是既采尽采摘面中央部位的新梢，又尽可能减少重复切割的宽度，降低鲜叶中的碎片比例。

采茶机在操作时，还应注意前进速度不可太快或太慢。太快时虽工效高，但采摘净度低，采摘面不平整，而且操作不安全，容易使操作者致伤或损坏采茶机。太慢时既降低采摘工效，又增加了重复切割机率，碎片增加，鲜叶

图4-20　蓬面两次机采

采摘品质降低。适宜的前进速度是匀速前进，动力转速为4 000～4 500r/min，即采茶机中速运转时，机采前进速度为30m/min。

2. 单人采茶机的操作

单人采茶机作业时，一般由2人组成1个作业组。1人操作机器实施采摘，1人辅助并在集叶袋装满时帮助拉袋及换袋，并与操作者轮换作业。作业时操作者背负汽油机，双手持机头，由于汽油机位于操作者的腰、臂部，所以要适当调整背带长度。单人采茶机采摘时操作者采取后退作业方式，由于单人采茶机机动性能较好，能适应较复杂地形的茶园采摘，但操作难度较大。采摘过程中每刀应从茶行树冠边缘采至茶行的中轴线，即保持机头采摘前进方向与茶行走向尽可能垂直。单人采茶机采摘也是来回两个行程完成1行茶树的采摘，也要注意采摘面中间的新梢尽量采净，尽可能减少重复采摘，以提高采摘叶的质量并提高作业效率。

（四）采茶机保养

采茶机在使用前，机手要进行岗位培训，并熟读使用说明书。熟悉机械性能，掌握开、关机程序，刀片间隙调整，注意事项等操作要领。

1. 使用前的准备

（1）安装集叶袋

采茶机后部设有安装集叶袋的挂钩，将袋口的橡皮筋撑开，袋口一边插入两夹板之间，袋口的挂孔套在挂钩上。安装时应注意让集叶袋的通气网朝上，并扎住袋底。

（2）调整把手

双人采茶机主把手和副把手的角度、高低与长度可根据茶行的高度、幅度和机手身材的高矮，通过菊形座手柄来调整，使之处于最适位置。调整副把手长度时，先拧松锁紧套（两红色箭头相对正），调整到合适长度后将锁紧套拧紧。

（3）安装软轴

单人采茶机的传动软轴两端分别与采茶机输入端和汽油机动力输出端相联接。软轴与采茶机联接时，要先拧下采茶机侧的M5螺钉，将装有橡胶结头端的软轴全部插入，然后把M5螺钉拧紧固定。在背负式汽油机侧插入软轴时，软轴要完全插入发动机侧筒的方孔内。必须注意，若软轴安装不牢固，易损坏软抽。

2. 注意事项

（1）在倒出鲜叶、换行、转移田块或更换集中袋等较长时间不采摘时，应关小油门，使刀片停止运动。

（2）单人采茶机在作业时应避免软轴过度弯曲，否则会造成软轴过早损坏。

（3）搬运时不要使机器受到剧烈冲击。

（4）橡胶塑料零件会受到汽油或香蕉水的侵蚀，所以不要放置在容易碰到上述溶剂的地方。

（5）采茶机不可用于修剪作业。

（6）注意安全。汽油机在运转时，即使离合器手柄处于分离位置，也不可触摸刀刃、三角皮带和皮带轮；不可触摸火花塞帽及高压导线；不可在汽油机运转时添加燃油。

3. 日常保养

（1）刀片注油

刀片是滑动运动部件，工作环境恶劣，必须经常加润滑油，每运转1~2h，就应向刀片注油孔加注刀片专用油1次。若使用普通机油润滑刀片，则应少加、勤加。有流出或溅出的机油时，应擦净后再进行采茶作业。

（2）曲柄箱注油

曲柄箱内装有曲柄连杆往复机构，运动时磨擦力较大，容易发热。所以，应经常加注润滑脂。采茶机每工作20 h，就应往曲柄箱加注高温黄油1次，注油量以看到曲柄箱前方的刀片附近有残存的黄油溢出为准。也可取下曲柄箱底盖，清除脏污黄油，重新加入清洁黄油。

（3）软轴注油

单人采茶机在每天使用前，将软轴芯抽出，涂抹高温黄油。

（4）清洁刀片

每次采茶后，上、下刀片间留有茶浆。茶浆积存过厚，会影响刀片寿命和采茶质量，因此，每天机采后，必须清除茶浆，清洁刀片。刀片清洁时，先开动机器，让刀片低速运转，再用清水冲洗刀片，就可清除刀片间的茶浆。

冲洗后要让刀片充分晾干，加涂机油，以免刀片生锈，影响下次使用。

（5）调整刀片

刀片经过长期使用会被磨损。当采摘质量与用新刀片时相比明显变差时，按以下方法进行调整：a. 拧松螺母；b. 用螺丝刀将螺丝轻拧到底，再退回1/4～1/2圈；c. 锁紧螺母；d. 给刀片加注机油；e. 起动汽油机并使刀片以最高速运转1 min；f. 关停汽油机，触摸螺母，若手能够承受螺母温度，表示调整适度。若螺母烫手时，将螺钉再柠松一点，并锁紧螺母，按e项和f项反复调整，直到满意为止。必须注意，调整刀片螺丝、螺母时必须在汽油机停机状态下进行。

（6）清洁送风系统

风机进风口内易积存杂物，当风机进风口内有异物时，会使送风能力下降，应经常拆下风机壳下的护罩，清除内部杂物。送风管小端内也容易积存杂物，同样应经常拆下橡胶塞将杂物清除。

（7）调整送风管

采茶机在出厂前已将送风管调整好。若遇外力使送风管角度改变时，应进行校正。否则，将影响采茶质量。

4. 长期保存时的保养

采茶机若长时间不用，则需要进行以下保养。

（1）清洁风机及送风管。

（2）对汽油机进行保养。

（3）检查螺丝、螺母等紧固件有无松脱。

（4）擦净机器外壳，清除刀片上的茶垢和灰尘，给刀片涂上黄油，用布覆盖放置阴凉干燥处保存。

（五）采摘注意事项

1. 全面净采摘

茶树务必采摘干净（尤其是茶蓬面中心的枝条）（图4-21）。

2. 除掉异杂物

采摘叶中不能夹带异物，如艾草叶、米细草及竹叶、树叶等。大棚茶园机采前，必须清园，尤其是要清除铅丝、杂草、柴禾、布条、塑料带、竹片等。尚未采摘过的茶园蓬面上禁止放任何物品。

3. 清洁收集袋

茶叶盛放袋里除鲜叶外不准放任何东西，尤其是水杯、零食等。茶叶盛放袋子、运输车辆车厢要保持洁净，袋子中的鲜叶要倒干净，不能留有青叶过夜，袋中有遗漏隔夜青叶的，第二天机采前都需倒干净。

4. 采后除覆盖

采摘过的茶园才能掀去网或草帘,不能提前掀(图4-22、图4-23)。

5. 采后鲜叶及时储运

采后的茶青在大包装袋装好后,切忌紧压,要临时放在阴凉通风处,一般要在1~2 h内集中运送到加工厂车间并及时放进贮青槽,准备加工(图4-24)。

图4-21 手采的净采摘茶园

图4-22 采摘前的茶园

图4-23 茶园采后除去覆盖

图4-24 茶青采后装运

第五章 抹茶加工工艺

抹茶加工包括抹茶初制（碾茶）加工与抹茶精制加工两道工艺，工序流程多，技术要求高。但抹茶加工全程机械化、连续化、自动化程度高，人工使用率低，是缓解茶叶用工难问题的有效生产方式。

第一节 抹茶初制

抹茶初制加工又称碾茶加工。碾茶加工自动化程度较高，普遍达到全程不落地连续化生产。碾茶加工所有工序全部机械化，人工使用率较低，是实现茶叶全程机械化、连续化、清洁化、智能化、数字化加工的先进加工技术。

抹茶初制（碾茶）加工工艺流程：贮青→切叶→杀青→冷却→初烘→梗叶分离→复烘（叶）→碾茶。第一次梗叶分离后的梗部分还含有少量叶片，进入另一台烘干机复烘，再进行二次梗叶分离，分离后的叶片复烘后也为碾茶。碾茶加工车间如图5-1所示。

图5-1 碾茶加工车间

一、贮青

鲜叶到厂就可加工。未能及时加工的进行贮青。鲜叶贮青场地应清洁卫生、阴凉、无异味、空气流通、不受阳光直射。鲜叶不得直接摊于地面,应均匀摊于贮青机(图5-2)或贮青槽上,贮青厚度不超过90cm。贮青过程中要注意保持鲜叶新鲜度,防止鲜叶发热红变。中午高温天气采摘的鲜叶暴晒后会发热或脱水,可采用雾化器对鲜叶进行冷却保鲜,以保证鲜叶品质。

二、切叶

为使原料均匀,鲜叶需进行切叶处理。贮青槽的鲜叶经输送带匀速进入切叶机(图5-3)进行横切、纵切,出料口鲜叶长短均匀,生产量100～500kg/h。为防止单片叶挂在蒸青机的网上产生焦味影响茶叶品质,可采用鲜叶筛分机分离单片叶、鱼叶及杂质。

图5-2　鲜叶贮青

图5-3　切叶

三、杀青

杀青是通过高温处理来蒸发鲜叶部分水分,同时破坏和钝化鲜叶中的氧化酶等活性,抑制鲜叶中的茶多酚等酶促氧化,在非酶促的作用下,形成抹茶的色、香、味品质。杀青过程对制茶品质至关重要,不同的杀青方式会出现不同的抹茶品质。目前碾茶加工鲜叶杀青主要使用蒸汽杀青(图5-4)或蒸汽热风杀青,尽可能保全叶

图5-4　蒸汽杀青

绿素，使干茶色泽翠绿。蒸汽杀青要掌握蒸汽压力、蒸汽流量、杀青时间和投叶量等。用饱和蒸汽或高温过热蒸汽杀青，蒸汽流量 100～160kg/h，筒转速 30～50r/min，搅拌轴转速 200～550r/min，杀青时间 20～40s。不同蒸汽机型号相应的参数如表5-1所示。

表5-1　不同蒸汽机型号相应参数

参数	200K型（6型）		300K型（7型）		400K型（8型）	
	春茶	夏秋茶	春茶	夏秋茶	春茶	夏秋茶
投叶量（kg/h）	150	200	250	300	350	400
蒸汽需要量（kg/h）	50	60	80	90	105	120
锅炉的蒸汽压力（kg）	0.1～0.2	<0.1	0.1～0.2	<0.1	0.1～0.2	<0.1
滚筒转速（r/min）	40～50	40～50	40～50	40～50	40～50	40～50
搅拌轴转速（r/min）	350～400	400～550	300～400	350～500	230～350	300～400
蒸青时间（s）	25～35	30～40	25～35	30～40	30～35	30～40

　　蒸汽热风杀青机（图5-5）和蒸炒机（图5-6）是近年来研发的新型蒸汽复合杀青装备。蒸汽热风杀青机具有杀青均匀，无叠叶（阴阳面）现象，雨水叶也可以及时付制等特点，且不需专业人员调整设备，只需按照原料嫩度微调蒸汽流量，大幅度提升了杀青效率，但机型偏大、需要两套能源系统。

图5-5　蒸汽热风杀青

图5-6　蒸炒杀青

　　蒸炒机是将蒸汽杀青机与滚筒炒干机相结合，可以及时降低蒸汽杀青叶的含水率，提高后期碾茶炉的烘干效率，从而大大提高碾茶加工效率，据初步估算，蒸炒机可以提高常规碾茶生产线近1倍的生产效率。

　　杀青机转速和蒸汽流量是蒸汽杀青的两大重要参数，其对碾茶的品质形成有较大影响，主要体现在碾茶的色差以及叶绿素、茶多酚、氨基酸、咖啡碱的含量等，具体见表5-2至表5-7。从研究结果来看，蒸汽杀青机一定的搅拌轴转数（260～400 r/min）和筒体转数（26～40 r/min）都适合碾茶的生产；中等的搅拌轴转数（300 r/min）和筒体转数（30 r/min）对碾茶的整体品质更好，色差a值和h值与其他参数差异不显著，而叶绿素含量及茶多酚、氨基酸和咖啡碱等品质成分含量都显著高于其他参数。鲜叶蒸汽杀青搅拌轴转数和筒体转数的设定重点要参考鲜叶的老嫩度及蒸汽流量。

表5-2　蒸汽杀青机转速对碾茶色差的影响

搅拌轴转速（r/min）	筒体转速（r/min）	L	a	b	C	h
260	26	38.92ᵃ	−6.88ᵇ	24.23ᵃ	25.20ᵃ	105.87ᵇ
300	30	35.33ᶜ	−6.64ᵃ	23.08ᵇ	24.01ᵃ	106.0ᵃᵇ
400	40	36.58ᵇ	−6.63ᵃ	22.79ᵇ	23.73ᵇ	106.23ᵃ

注：同列数据后不同小写字母上标代表差异显著（P<0.05）。

表5-3　蒸汽杀青机转速对碾茶叶绿素含量的影响

搅拌轴转速（r/min）	筒体转速（r/min）	叶绿素a（%）	叶绿素b（%）	叶绿素总量（%）
260	26	0.553ᵇ	0.182ᵃ	0.735ᵇ
300	30	0.575ᵃ	0.174ᵇ	0.750ᵃ
400	40	0.556ᵃᵇ	0.173ᵇ	0.729ᵇ

注：同列数据后不同小写字母上标代表差异显著（P<0.05）。

表5-4　蒸汽杀青机转速对碾茶品质成分含量的影响

搅拌轴转速（r/min）	筒体转速（r/min）	茶多酚（%）	氨基酸（%）	咖啡碱（%）
260	26	16.10±2.32ᵃ	4.22±0.02ᵇ	2.92±0.01ᵇ
300	30	18.26±0.18ᵃ	4.75±0.11ᵃ	3.35±0.01ᵃ
400	40	16.84±3.61ᵃ	4.05±0.10ᵇ	2.93±0.01ᵇ

注：同列数据后不同小写字母上标代表差异显著（P<0.05）。

蒸汽流量对碾茶及抹茶的品质也有重要影响。在相同鲜叶原料、鲜叶流量和搅拌轴转数及筒体转数的条件下，过低蒸汽流量容易导致杀青不透，过高蒸汽流量容易导致杀青过度和热能浪费。研究结果分析，80～140kg/h蒸汽流量都可用于碾茶蒸汽杀青，但其品质有一定差异；其中110kg/h蒸汽流量更适合碾茶加工，其成品碾茶色泽更绿，色差a值和h值显示其绿色程度都高于80kg/h和140kg/h处理，110kg/h处理的叶绿素含量与80kg/h处理相当，但显著高于140kg/h处理，品质成分氨基酸含量也显著高于80kg/h和140kg/h处理。

表5-5 蒸汽流量对碾茶色差的影响

蒸汽流量（kg/h）	L	a	b	C	h
80	37.42[b]	−6.56[b]	24.15[b]	25.0[b]	105.20[b]
110	39.43[a]	−7.00[a]	25.06[a]	26.02[a]	105.60[a]
140	39.91[a]	−6.22[c]	24.57[ab]	25.34[b]	104.21[c]

注：同列数据后不同小写字母上标代表差异显著（$P < 0.05$）。

表5-6 蒸汽流量对碾茶叶绿素含量的影响

蒸汽流量（kg/h）	叶绿素a（%）	叶绿素b（%）	叶绿素总量（%）
80	0.583[a]	0.196[a]	0.779[a]
110	0.571[a]	0.191[a]	0.763[b]
140	0.531[b]	0.166[b]	0.696[c]

注：同列数据后不同小写字母上标代表差异显著（$P < 0.05$）。

表5-7 蒸汽流量对碾茶品质成分含量的影响

蒸汽流量（kg/h）	茶多酚（%）	氨基酸（%）	咖啡碱（%）
80	18.93±0.09[a]	4.05±0.01[c]	2.76±0.01[b]
110	18.48±0.00[b]	4.75±0.03[a]	2.92±0.00[a]
140	17.80±1.08[ab]	4.16±0.00[b]	2.91±0.01[a]

注：同列数据后不同小写字母上标代表差异显著（$P < 0.05$）。

四、冷却

冷却散热分挂网式和硬架子式两部分（图5-7），挂网式冷却效果较好，硬架子式散茶效果较好。杀青叶在挂网式里面是抛射运动，比空气与茶叶接触的相对运动快，传热效率佳，杀青叶在硬架子式中一直处于流化状态，蒸杀叶卷起散开会更充分，因此采取两种形式相结合，能起到更好的冷却散热效果。茶叶经过蒸汽杀青后迅速冷却过程带走大量的热量，使水分分布更加均匀，尤其是叶表温度的降低，内部水分往表面迁移，使杀青叶表面能充分接收碾茶炉的辐射热。冷却散热时将蒸青叶用冷风吹到5～6 m高的空中4～5次，使之与空气充分接触，在腾空的过程中逐步向前运动，使叶片均匀展开，防止叶片的重叠，平铺于链条网上，以免发生粘叠、变黄、变黑，保持碾茶嫩绿色泽。

五、初烘

目前，碾茶初烘干燥工序大多仍在传统砌砖式碾茶炉（图5-8）内完成。碾茶炉是使用砖块砌成侧壁的烘房（长13 m、宽2 m、高3 m左右），烘烤热源来自于底层燃油或天然气烧红的铁板，烘房内利用排气管释放的对流热风，辐射传导对叶片进行干燥。辐射传导效率高，自然对流能耗低，能较好的保留碾茶香气物质，可形成碾茶特有的炉香。炉膛、炉墙表面涂布不同的红外线涂料，效果相差较大，能量的传递与波长有关，红外线波长大于760nm。

碾茶炉内一般有3～5层1.8～2.0m宽的不锈钢网状输送网带，每层长度为10～15m，叶片在网带上堆积，厚约20mm，以风送换层的方式在多层网带上前行，经过4段共历时20～25min，第1段温度160～200 ℃，第2段温度120～160℃，第3段温度90～120℃，第4段温度70～90℃，茶叶经过各层输送带运送并被均匀干燥，最终保持鲜艳的绿色，产生碾茶特有的海苔香。

图5-7　冷却散茶

图5-8　碾茶炉初烘

碾茶炉内温度的高低，对其品质形成有着不同程度的影响，通过设置3组不同的燃烧机温度来改变碾茶炉内的干燥温度，对碾茶色差、叶绿素含量等影响见表5-8至表5-10。从分析的结果来看，燃烧机230～250 ℃都可以加工出品质较好的碾茶。比较碾茶成品的色差、叶绿素含量、氨基酸等品质成分含量，230 ℃、240 ℃和250 ℃都有各自的优缺点。

表5-8　碾茶炉燃烧机温度对碾茶色差的影响

燃烧机温度（℃）	L	a	b	C	h
230	37.98[a]	−6.85[a]	25.09[b]	26.01[a]	105.28[a]
240	38.29[a]	−6.61[b]	26.07[a]	26.89[a]	104.23[b]
250	37.78[a]	−6.90[a]	25.47[ab]	26.39[a]	105.16[a]

表5-9　碾茶炉燃烧机温度对碾茶叶绿素含量的影响

燃烧机温度（℃）	叶绿素a（%）	叶绿素b（%）	叶绿素总量（%）
230	0.534[b]	0.180[ab]	0.683[c]
240	0.509[c]	0.174[b]	0.714[b]
250	0.560[a]	0.187[a]	0.748[a]

表5-10　碾茶炉燃烧机温度对碾茶品质成分含量的影响

燃烧机温度（℃）	茶多酚（%）	氨基酸（%）	咖啡碱（%）
230	13.83±0.00[b]	3.43±0.09[a]	3.32±0.00[a]
240	13.92±0.18[b]	2.26±0.03[c]	2.26±0.02[c]
250	15.98±0.18[a]	2.82±0.03[b]	2.65±0.03[b]

六、梗叶分离

茶叶经过初烘工序后叶片含水量降到10%左右，叶片极易压碎，而此时梗部含水量为50%～55%，韧性尚存不易折断。利用叶和梗含水量不同的原理，采用梗叶分离机进行梗叶分离去掉茶梗、叶脉（茶梗和叶脉部分含水多，叶绿素少，并含有涩味的茶多酚）和碎叶。梗叶分离工序的主要设备是梗叶分离机（图5-9），其结构是半圆筒形的金属网，内置的螺旋刀在旋转时将叶片从梗上剥离，剥离后的茶叶经过输送带进入高精度风选机进行风选分离，这也是碾茶的独特工序。

七、复烘

复烘也称二次烘干，分离后的梗叶水分含量不同，需分别用烘干机（图

5-10）进行烘干处理。梗叶分离后的叶部分烘干机设定温度70～90℃，时间15～25min，控制烘干叶水分含量在5%以下。此时梗叶分离后的梗部分还带有部分叶片，含水量较高，需要进一步烘干，以利于二次梗叶分离，烘干机设定温度60~80℃，时间8~10min，使连着梗部分的叶充分干燥，便于与梗分离。烘干后的带叶梗部分进入梗叶分离机进行二次梗叶分离。二次硬叶分离后的叶部分进入烘干机复烘，控制烘干叶水分含量在5%以下。

图5-9　梗叶分离

图5-10　复烘

第二节　抹茶精制

抹茶精制加工所有工序全部机械化，生产效率高。抹茶精制加工工艺流程为：切茶→筛分→风选→粉碎→分筛→金探→分装→抹茶；或色选→切茶→筛分→粉碎→分筛→金探→分装→抹茶。抹茶精制加工车间如图5-11所示。

图5-11　抹茶精制车间

一、切茶

通过切茶，把大的切小、长的切短，切轧成0.3～0.5 cm大小的均匀碾茶碎片。切茶使用切茶机（图5-12）完成，目前使用的切茶机主要有滚切机、齿切机、圆片机和轧片机等。

二、筛分

抹茶筛分装备有圆筛和抖筛，圆筛是碾茶在筛面做回转运动，主要是分离长短或大小，抖筛是碾茶在筛面做往复运动，主要是分离长圆或粗细。切茶后进行筛茶（图5-13），筛分过程中分离出不符合规格的茶叶，再进行切轧，反复筛切直至符合规格为止。

图5-12　切茶　　　　　　　　　　　图5-13　筛分

三、选别

1.风选

风选是利用风力选别机的风力作用，分离碾茶碎片的轻重，去除黄片、茶梗以及夹杂物等。不同品质的碾茶，轻重不同，抗风力和下落速度不同，重实的碾茶抗风力较强，下落快，落在风源的近处；较轻的碾茶受风力作用后，下降较慢，落在风源的远处，从而将轻重不同的碾茶分离，并划分碾茶品质等级。风选作业靠风选机（图5-14）完成，风选机有吸风式和吹风式2种。

2.色选

色选是碾茶在光源的作用下，根据光的强弱及颜色变化，使系统产生输出信号驱动电磁阀工作，吹出异色茶叶（茶梗，黄片等）至接料斗的废料腔内，而正常碾茶继续下落至接料斗成品腔内，从而达到选别的目的。近年来较多抹茶企业开始用色选机（图5-15）对碾茶进行选别，去除碾茶中的黄片、茶梗和其他非茶类夹杂物，色选后进行切茶和筛分，筛分后直接进行粉碎。

图5-14　风选

图5-15　色选

四、粉碎

粉碎是抹茶精制加工的关键工序。目前我国抹茶粉碎方式主要有石磨粉碎、球磨机粉碎、连续式球磨机粉碎、碾磨粉碎、气流粉碎、振动粉碎等。

1. 石磨粉碎

高品质的抹茶一般采用石磨（图5-16）进行粉碎，因为石磨的材质不易导热，能确保研磨过程中的温度环境相对稳定，而相对恒定的低温能最大限度保持抹茶中的活性物质。实际生产中石磨转速缓慢，1台石磨工作1h只能生产40~50g抹茶。石磨粉碎的抹茶颗粒度为2~20μm的不规则撕裂状薄片，比普通绿茶粉要细2~20倍。抹茶的"不规则撕裂状薄片"显微结构可以使抹茶颗粒在水中悬浮，冲泡摇匀后外观呈鲜绿色的茶汤，并且即使经过久置也无沉淀现象。

2. 球磨机粉碎

图5-16　石磨粉碎

图5-17　球磨机粉碎

现阶段我国抹茶加工企业大多采用球磨的方式进行抹茶精制。球磨粉碎的原理是将原料与球磨介质一起装入高能球磨机（图5-17）中进行机械研磨，原料不断经历磨球的碰撞、挤压，反复变形与断裂，最终形成超细粉体。抹茶球磨机超微粉碎方法保留了抹茶原有的氨基酸、水溶性多糖和咖啡因含量，但在超微粉碎过程中损失了一定的茶多酚和儿茶素。单台球磨机的空间体积为215 L，每次可以粉碎碾茶20 kg，研磨时间为20 h，环境温度控制在20℃以下，相对湿度在50%以下。获得抹茶的颗粒度大概为5～15 μm。

3.连续式球磨机粉碎

连续式球磨抹茶机包括机架、电机、传动轴、螺杆、筒体、氧化锆陶瓷球、进料装置、料斗及冷却装置。连续球磨机（图5-18）能够连续进料研磨，大大提高了研磨效率。在研磨过程中，通入冷却水对抹茶进行冷却，避免了抹茶温度局部过高，使抹茶的颜色和口感更好。连续式球磨机连续进出料，进料到出料时间13～16min，生产量15～20kg/h，室内温度20℃以下，相对湿度在50%以下。

图5-18　连续式球磨机粉碎　　　　　图5-19　气流粉碎

4.气流粉碎

气流粉碎是我国抹茶粉碎普遍采用的超微粉碎方式，利用气流式超微粉碎机（图5-19），以压缩空气或过热蒸汽经过喷嘴时产生的高速气流作为颗粒的载体，通过颗粒与颗粒之间或者颗粒与固定板之间发生的冲击性挤压、摩擦和剪切等一系列作用，从而达到粉碎的目的。气流粉碎所获得的抹茶颗粒细腻，且气流在喷嘴处膨胀时可以降温，粉碎过程中没有伴生热量，对热敏性和低焰点的物料影响较小。气流磨设备研磨过程连续进出料，并可大幅度调整加工量，进料到出料时间为1.5～2min，每小时投叶量为50～150kg。然而，气流粉碎加工过程中存在机械噪音大、耗电量大、加工回收率低等缺陷。

5.振动粉碎

振动粉碎机（图5-20）粉碎，是利用振源的强力振动，使粉碎腔内物料在流态化状态下，受到磨棒高强度的撞、切、碾、搓综合力的作用，使物料在短时间内达到微米级粉碎或细胞破壁效果。一般的振动磨或振动粉碎机都带有冷却装置，可以将茶粉振动摩擦产生的热量及时冷却，最大限度保护抹茶的品质。振动粉碎的抹茶粒度可以达到 5～150 μm。但是振动粉碎加工存在机械噪音大、耗电量大等缺陷。

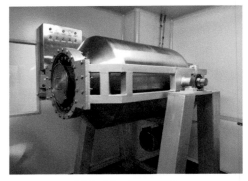

图5-20　振动粉碎

五、分筛

抹茶的分筛是抹茶精制过程中使抹茶颗粒一致化的基本操作工序。研磨好的抹茶粉需要通过金属筛去除没有被粉碎的碾茶以及其他表面异物，所用的金属筛为不锈钢材质，使用的目数一般为80目。常用的金属筛为振动筛或超声波金属筛，与抹茶粉碎设备或者包装设备连接在一起。金属振动筛（图5-21）与连续球磨机串联在一起，可以将粉碎

图5-21　金属振动筛分筛

好的抹茶颗粒进行分筛处理，把不同大小的颗粒进行分筛，确保产品颗粒大小能够相对一致。金属振动筛与粉末包装机连在一起，可以让抹茶进入包装之前再进行产品的分筛，将异物以及大颗粒碎片去除，确保产品品质符合要求。

六、金探

经过分筛的抹茶粉，还需要通过磁棒、金属探测仪或X光探测设备去除抹茶粉中的金属异物。金属探测装备（图5-22）主要用于探测

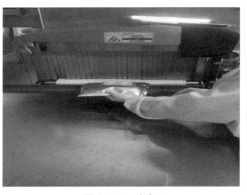

图5-22　金探

抹茶中的金属杂物如铁、铜、铝等和带有金属成分的铝箔纸等，其原理是通过在探头周围产生高频电磁场，当金属杂物进入高频电磁场时，引起电磁场产生能量损耗，探出杂物并自动剔除杂物，金属探测仪一般安装在包装工序之前。

七、分装

抹茶的包装应符合行业标准《茶叶包装通则》（GH/T 1070）的规定。包装物上的文字内容和符号应符合我国相关法律、法规的规定；包装物应符合环保、低碳和维护消费者权益的要求；包装材料应符合相关的卫生要求；包装材料使用的黏合剂应无毒、无异味、对抹茶无污染。

包装器械（图5-23）与抹茶接触的部分都应为不锈钢材质，一般采用自动上料设备，减少人为的接触。包装后应将包装袋中的空气排出，以防止后期挤压破裂。

包装过程要注意操作人员的卫生，操作时不能说话，防止唾液喷入抹茶中；要注意所使用的包装材料的卫生，装前要逐一进行检查是否破损、有异物或已受污染；操作人员接触设备工作面或包装物，特别是内包装时手要消毒；裸露的料斗应检查是否有异物，并进行消毒后方可使用。

图5-23 分装

第六章 抹茶加工机械

工欲善其事，必先利其器。多年来，我国抹茶初制、精制加工机械主要依赖日本进口，生产线价格昂贵，一定程度上限制了抹茶产业的发展。近年来，武义华帅茶叶瓜子机械有限公司、浙江红五环制茶装备股份有限公司、绍兴安亿智能茶机有限公司等国内茶机生产龙头企业，已经自主研发出一批性价比高、产品质量好的抹茶初制（碾茶）生产线和抹茶精制加工装备，不少加工机械在性能上已经完全赶超日本设备和生产线，且更适合我国抹茶的初制和精制加工。

第一节 抹茶初制加工装备

抹茶初制产品为碾茶。抹茶初制（碾茶）连续化、智能化加工机械和生产流水线性能及其配置是否科学合理，直接决定抹茶的品质。碾茶生产设备包括鲜叶贮青设备、鲜叶流量计、切断机、蒸汽杀青机、风力冷却机、碾茶炉、梗叶分离机和烘干机等。

一、传统碾茶生产装备

2004年5月，受浙江省茶叶公司委托，武义华帅茶叶瓜子机械有限公司（武义华帅茶机厂）在日本西尾碾茶炉建造世家富田氏指导下，历时5个月，在金华市武义县王宅镇浙江骆驼制茶有限公司建造了中国第一条碾茶生产线。目前国内抹茶初制企业基本使用传统碾茶生产流水线进行抹茶初制加工。

（一）鲜叶贮青箱

鲜叶贮青箱设备机组如图6-1所示，其中贮青机主要参数如表6-1所示。

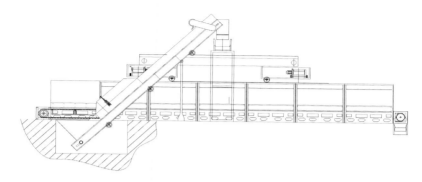

图6-1　鲜叶贮青机设备机组

表6-1　贮青机主要参数

型号	外形尺寸（长×宽×高）（mm）	风机数量（只）	摊叶面积（m²）	风机功率（kW）	驱动功率（kW）
6HHS-400	1 360×3 300×1 800	12	26	9	0.55
6HHS-600	1 360×4 300×1 800	12	36	9	0.75

根据碾茶鲜叶的大致密度（表6-2、表6-3）估计鲜叶的贮放量，室温≤20℃以下时鲜叶可保存20 h，室温≤28℃以下时鲜叶可保存15 h。

表6-2　适采日与鲜叶大致密度的关系

适采时间	密度（kg/m³）
适采初日	120
3日后	115
5日后	110
7日后	105
12日后	80
15日后	63

进厂鲜叶应尽快均匀放入贮青机，一次性放到合适高度，嫩芽叶堆放不超过0.8 m，普通芽叶堆放不超过0.9 m，成熟芽叶堆放不超过1.1 m。如图6-2的情况会造成通风不良，使鲜叶发热。

表6-3 芽叶种类与鲜叶大致密度的关系

芽叶种类	鲜叶大致密度（kg/m³）
嫩芽	120
普通芽叶	105
成熟叶	80
老叶	50

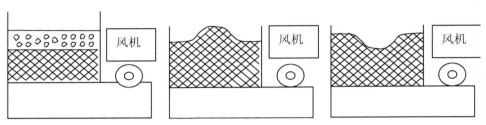

图6-2 鲜叶在贮青箱不当堆放

　　贮青箱通风风机设置参考标准，可视室温和芽叶老嫩程度微调，不同类型的鲜叶投入后，通风机的开停机时间如表6-4所示。

表6-4 不同类型鲜叶通风机开启时间

参数	春茶		二轮茶	
	嫩芽叶	普通叶	嫩芽叶	普通叶
投叶后的开机时间（h）	2～4	2～3	2～3	2～3
开机时间（min）	30	20	20	15
停止时间（min）	5～10	10～15	10～15	10～15
堆积高度（m）	<0.8	<0.9	<1.0	<1.1

（二）切茶除杂机组

　　切茶除杂机组由提升机、切茶机、除杂机组成（图6-3）。

　　切茶机切出来的鲜叶大小均匀，达到碾茶工艺要求，运转过程中如有石块、铁件等杂物掉入机内，切茶机有自动保护装置，能自动停止设备运转，保护刀片及其他零部件不被损坏，切好的鲜叶自动输入除杂机内去除杂质。切茶机主要参数如表6-5。

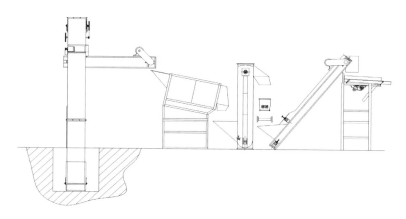

图6-3 切茶除杂机组

表6-5 切茶机主要参数

产品型号	外形尺寸（长×宽×高）（mm）	刀片直径（mm）	一次性切断率（%）	台时产量（kg/h）	电机功率（kW）
6HHS-135	750×650×450	135	≥90	≥150	1.5

除杂机结构为网孔转筒式，使茶叶在转筒里面均匀的翻滚，鲜叶中的茶梗碎末、小芽叶等能够从网孔中掉出，避免进入下一道工序，影响茶叶品质。除杂机主要参数如表6-6所示。

表6-6 除杂机主要参数

产品型号	外形尺寸（长×宽×高）（mm）	转速（r/min）	除杂率（%）	台时产量（kg/h）	电机功率（kW）
6HHS-65	2 600×110×270	15	≥90	≥150	0.4

（三）蒸汽杀青机组

蒸汽杀青机组主要由蒸汽锅炉和蒸汽杀青机组成（图6-4）。蒸汽锅炉、蒸汽杀青机主要参数如表6-7、表6-8所示。

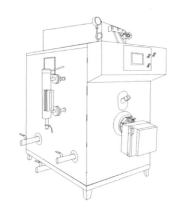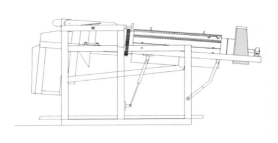

图6-4 蒸汽杀青机组

表6-7 蒸汽锅炉主要参数

产品型号	外形尺寸（长×宽×高）（mm）	额定蒸发量（kg/h）	额定工作压力（MPa）	燃烧轻柴油（kg/h）
LHS0.3-0.7-Y	2 600×800×1 400	300	0.7	18

表6-8 蒸汽杀青机主要参数

产品型号	外形尺寸（长×宽×高）（mm）	筒体转速（r/min）	搅拌轴转速（r/min）	产量（kg/h）
300KH	1 400×1 800×2 300	20～70	180～700	60～150

标准大气压下饱和水蒸气表蒸汽量与蒸汽压力的设定如表6-9所示。

表6-9 饱和水蒸气表蒸汽量与蒸汽压力的设定

表压（kg/cm²）	饱和温度（℃）	容积（m³/kg）	显热（kcal/kg）	潜热（kcal/kg）	全热（kcal/kg）
0.0	100.00	1.6730	100.09	539.06	639.15
0.2	105.03	1.4178	105.16	535.84	641.01
0.4	109.43	1.2320	106.60	532.99	642.60
1.0	120.13	0.8880	120.44	525.90	646.35

蒸汽压力的设定可使用低压饱和蒸汽，能充分利用潜热，蒸热时间短，

效率高，为了减少叶面冷凝，对春茶嫩芽叶可以适当提高蒸汽温度，设定到105~109℃。当叶表有露水或雨水时，可以适当地再提高一些，达到115℃。通常嫩叶压力高些，老叶用低压或无压的饱和蒸汽。

蒸汽量可按照如下公式设定：

理效蒸汽量=（鲜叶蒸青温度−上蒸叶温度）/潜热

管理阀门=0.152 kg（蒸汽）/ kg（鲜叶）

考虑筒体表面散热，进出鲜叶口逃逸的蒸汽，一般取1 kg鲜叶用蒸汽0.35~0.40 kg。

锅炉蒸汽产生量的设定如表6-10所示。

表6-10 锅炉蒸汽产生量的设定

蒸汽量 (kg/h)	油压值（kg/cm²）								
	8	9	10	11	12	13	14	15	16
1.0	36	39	41	43	45	46	48	50	52
1.5	55	58	61	64	67	69	72	75	77
2.0	73	77	82	86	89	93	96	100	103
2.5	91	96	103	106	112	116	120	124	129

蒸机工作参数调整顺序为：筒转速→搅拌轴转速→蒸汽流量→筒倾斜度→蒸汽压力→鲜叶流量。不同筒体转速、倾斜角条件下的蒸叶通过时间参考值如表6-11。

操作时可以标记5~6片叶片，通过检测时间来校正。筒体转速可以用下列公式大致确定，在查看蒸叶状态后再做微调。

筒转速（N）=$20/\sqrt{0.2M} \times K$，其中，M为时间（s），蒸度系数K=[（M−30）÷80]×0.15+1。如嫩芽叶，蒸45s的合适转速N=$20/\sqrt{0.2M} \times 1.03$=53 r/min，则：

K =〔（45−30）÷80〕×0.15+1=1.03

搅拌轴转速的设置和调整：

搅拌轴合适转速N=A/0.4×K，其中嫩芽叶A=100、适采芽叶A=135，成熟叶A=170，K为蒸度系数，K=1−〔（M−30）÷80〕×0.15=0.95。

如：嫩芽叶搅拌轴合适转速N=100/0.4×0.95 = 238 r/min

一般调整原则为蒸度调浅，则轴转速放慢，反之加快。露水叶调慢，失水叶调快。嫩度好的芽叶调慢，反之要加快。

春茶嫩芽叶筒转速比一般以1:5为基准，适采芽叶为1:8，成熟芽叶为1:10，夏茶嫩芽叶与春茶适采叶相当，成熟芽叶为1:10，成熟叶为1:10以上。

表6-11　不同筒体转速和倾斜角条件下的蒸叶通过时间（s）

倾斜角度 （°）	筒体转速			
	28r/min	37r/min	45r/min	52r/min
1.0	150	141	150	182
1.5	100	94	100	122
2.0	75	70	75	91
2.5	60	56	60	73
3.0	50	47	50	61
4.0	43	40	43	52
4.5	37	35	37	46
5.0	33	31	33	40
6.0	27	25	27	33
6.5	23	23	25	30
7.0	21	22	21	26

调整阀门使压力表上的读数到需要的值（图6-5），按前表燃油量蒸汽预计表，调整流量到需要的值。

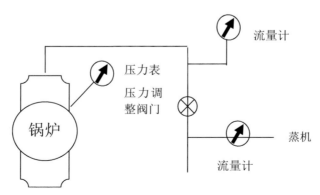

图6-5　锅炉与调整阀门安装示意

（四）冷却散茶机组

冷却散茶主要使用散茶机组（图6-6），散茶机主要参数如表6-12所示。

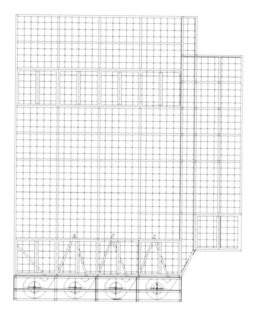

图6-6　冷却散茶机组

表6-12　散茶机主要参数

产品型号	外形尺寸（长×宽×高）（mm）	台时产量（kg/h）	转速	电机功率（kW）
6HHS-65	5 300×1 000×7 000	≥150	变频调速	5.2

上叶之前确保蒸机下的送叶风机、三联散茶风机及碾茶炉上叶风机运转正常，使蒸叶能快速送入散茶机上部1/3处的高度，调节送叶机的变频器频率，使之在合适的高度，调节三联风机的转速，使蒸叶处于充分流化状态，调节碾茶炉上叶风机（最后1台风机）的转速，使蒸叶均匀摊到碾茶炉网上，过大风量会使碾茶炉网的两侧过多堆积蒸叶。

（五）碾茶炉

碾茶初烘采用掘井式碾茶炉（图6-7、图6-8），其主要参数如表6-13。碾茶炉燃烧室外侧、烟道外表、炉墙内侧均涂布特制红外涂料，以提高热能利用率，使产品炉香更显。外墙增加保温层，减少炉体的散热，使车间温度稳定。每季茶叶生产前3天要打开燃烧器预热，第一天使炉温升到100℃左右，第二天炉温烧到150℃左右，第三天炉温烧到200℃左右，碾茶炉前后温度差尽量稳定在20～25℃。

蒸叶通过辐射传热获得热量，自然对流蒸发水分而干燥。辐射传热量，自然对流空气交换量与蒸叶水分蒸发量密切相关。

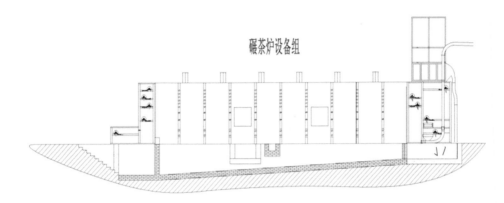

图6-7　掘井式碾茶炉

图6-8　窑式碾茶炉

表6-13　碾茶炉主要参数

产品型号	外形尺寸（长×宽×高）（mm）	鲜叶处理量（kg/h）	网片数（层）	天然气供热（kcal）	驱动功率（kW）
6HHS—110	17 000×2 800×3 300	100～180	5	50万	2.0
6HHS—900	17 000×2 800×3 300	100～150	4	50万	1.6
6CNHF—100	18 000×2 450×6 500	150～220	4	—	0.8

　　温度设定至关重要，尤其第1层网温度通常设定在140～210℃。一般开始加工时先设定在（175±5）℃，第1层网在2.5min走完，空气对流的水蒸气带走量与空气自身含水量有关，因此视第1层网带末端蒸叶的含水量调节炉温和网速。如湿基水分48%～50%可提高网速，如湿基水分≥50%可降低网速，如网带走完5min湿基水分还是≥50%，则可适当提高炉温。一般以5℃左右的幅度提高，同时调整炉顶炉门，使第1层烘出来的叶片表面不要有明显的"硬壳"。若表面有明显水分，应开大风门，加大自然对流的空气交换量，其他几层网速调整与第1层网相同，停留时间一般为5～7min/层，使烘出叶水分≤5%。整个过程最关键是要根据生产企业碾茶产品偏好，来调整温度与网速的设定。

　　高氨基酸含量的鲜叶原料受热辐射烘烤后形成特有风味，因此经传统砌砖式碾茶炉干燥后的碾茶具有鲜艳的色泽和特有的香味。但传统烘房的缺点显而易见——体积过大无法移动，干燥温度无法精确控制，能耗高而热利用率低，且杀青叶在运输网带上容易粘连重叠导致焦叶。因此，部分企业开始使用箱式碾茶炉（图6-9）进行初烘，其主要参数见表6-14。箱式碾茶炉对

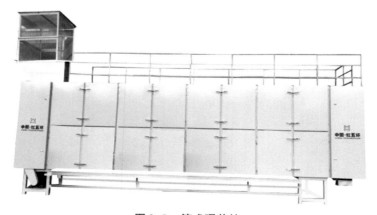

图6-9　箱式碾茶炉

传统烘房进行改进，使用发热效率高的新型发热铸铁，增加红外线涂层，将排湿口改为使用手摇式任意定位装置，方便开关排湿口，可以使得热炉时间缩短30%；将网状不锈钢传送带改为纵向钢丝编织网，不仅能有效提高抗弯能力，使不锈钢传送带使用寿命提高1倍以上，而且能使茶叶更快干燥，成品茶香气更丰富。

表6-14 6CHN—70/80箱式碾茶烘干炉主要参数

项目	HN-70型	HN-80型
有效烘干面积（m²）	70	80
进程时间（min）	10～60	15～60
烘箱烘干层数（层）	5	5
上料输送装置形式	风送	风送
烘箱网带宽度（mm）	1 500	1 700
电机功率（kW）	3	4.4
干茶生产能力（kg/h）	≥80	≥120
干燥强度〔kg/（m²·h）〕	≥4.5	≥4.5
单位有效干燥面积生产率〔kg/（m²·h）〕	≥5.0	≥5.0
耗热量（MJ/kg）	≤15.0	≤15.0
外型尺寸（长×宽×高）（mm）	9 100×1 800×3 200	9 500×2 000×3 300

（六）干茶后处理机组

干茶后处理机组（图6-10）主要包括梗叶分离机、真空风选机和复烘烘干机。

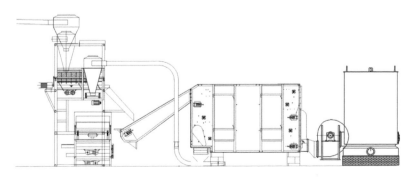

图6-10 梗叶分离机、真空风选机和复烘烘干机设备组

干燥后的茶叶进入梗叶分离机，其主要参数如表6-15。绞龙滚筒旋转对茶叶进行挤压分离。对于不同大小的茶叶进行滚筒高低调节，使叶片和茶梗迅速剥离，使用不同孔目的网片则叶片分离后的大小不同。

表6-15　梗叶分离机主要参数

产品型号	外形尺寸（长×宽×高）（mm）	台时产量（kg/h）	转速	电机功率（kW）
6HHS—220	2 200×1 600×1 700	40～80	变速调频	1.5

经过分离的叶片，进入连续式链板式烘干机复烘，使茶叶干燥度达到所需要求。复烘温度60～70℃，确保茶叶不变颜色，后经干茶风送机进入真空风选机进行风选。该机主要参数如表6-16所示，采用吸风式新工艺，可通过变频调节风力，利用真空内茶叶受风面转换分离的原理，使叶片、茶梗、茎有效分离。复烘烘干机主要参数如表6-17所示。

表6-16　真空风选机主要参数

产品型号	外形尺寸（长×宽×高）（mm）	进料口尺寸（长×宽）（mm）	台时产量（kg/h）	电机功率（kW）
6CF—100	1 750×1 850×1 850	1 000×460	150～200	3.24

表6-17　复烘烘干机主要参数

产品型号	外形尺寸（长×宽×高）（mm）	烘板层数	摊叶面积（m²）	台时产量（kg/h）	电机功率（kW）
6CHB—10	5 760×1 520×1 650	6	10	≥50	4.0

二、新型碾茶生产装备

2019年11月浙江红五环制茶装备股份有限公司、浙江省农业技术推广中心、绍兴御茶村茶叶有限公司等单位联合研发的"6CSN-400全自动碾茶生产线"被确定为2020年浙江省装备制造业重点领域首台（套）产品，并获第四届浙江省农业机械科学技术奖一等奖。

（一）鲜叶贮青与前处理设备

鲜叶贮青机（图6-11）主要参数如表6-18。鲜叶贮存在车式贮青设备中，必要时采用雾化器对鲜叶进行冷却保鲜，解决和稳定洪峰期的鲜叶品质；使用切断机通过横切、纵横双切等方式对鲜叶进行切割筛分，从而避免后续加工过程中因机采叶大小不一致可能造成的杀青不匀等问题。鲜叶提升、切叶机、除杂设备如图6-12所示，切叶机、除杂设备参数分别如表6-19、表6-20所示。

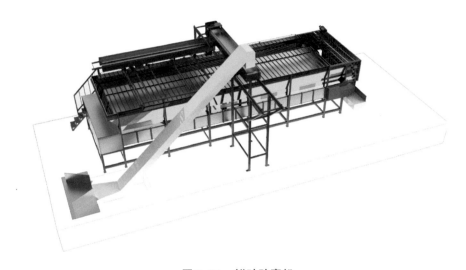

图6-11　鲜叶贮青机

表6-18　鲜叶贮青机主要参数

产品型号	外形尺寸（长×宽×高）（mm）	风机个数（个）	摊叶面积（m²）	风机功率（kW）	驱动功率（kW）
6CTQ—2	8 000×3 300×2 800	3	23	2.2	1.1
6CTQ—3	12 000×3 300×2 800	5	35	2.2	1.1
6CTQ—5	2 000×3 300×2 800	8	60	2.2	1.5

表6-19　切叶机主要参数

产品型号	外形尺寸（长×宽×高）（mm）	刀片直径（mm）	一次切断率（%）	一次碎茶率（%）	台时产量（kg/h）	电机功率（kW）
HRC—135	740×720×770	135	≥90	≤2.0	≥220	1.5
HRC—150	720×720×770	150	≥80	≤2.0	≥220	1.5

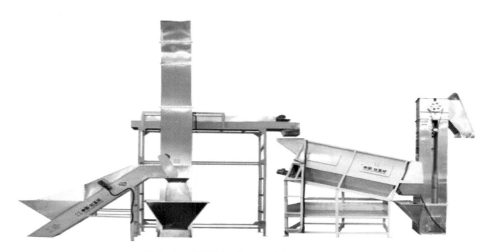

图6-12　鲜叶提升、切叶机、除杂设备

表6-20　除杂机主要参数

产品型号	外形尺寸（长×宽×高）（mm）	台时产量（kg/h）	除杂率（%）	转速（r/min）	电压（V）	电机功率（kW）
6CCH—65	2 690×1 550×2 600	≥200	≥90	1 400	380	0.75

（二）杀青设备

目前鲜叶杀青技术主要包括滚筒热风杀青、蒸汽热风杀青和微波杀青3种。其中，蒸汽热风杀青是杀青过程最快，杀青最彻底、最均匀的方式，可以更好地保全叶绿素。蒸汽热风杀青前端使用蒸汽杀青，后端使用热风杀青，

图6-13　金属热风炉

图6-14　6CSR生物质颗粒燃烧器

杀青均匀，杀青时间 10 ~ 20 s。金属热风炉（图 6-13）和 6CSR 生物质颗粒燃烧器（图 6-14）主要参数如表 6-21、表 6-22 所示，蒸汽热风杀青机组（图 6-15）主要参数如表 6-23 所示。

表 6-21　热风炉主要参数

产品型号	风机功率（kW）	煤耗量（kg/h）
RFL—25 柴式金属热风炉	1.5+0.15	≤18
FP—50	5.5+0.75	≤30
FP—100 喷流式金属热风炉	7.5+1.5	≤50

表 6-22　6CSR 生物质颗粒燃烧器主要参数

产品型号	外形尺寸（长×宽×高）（mm）	点火形式	热值（kcal/h）
6CSR—10	1 360×580×1 380	电热	10 万
6CSR—50	2 099×781×1 558	电热	50 万

图 6-15　蒸汽热风杀青机组

表 6-23　蒸汽热风杀青机主要参数

产品型号	外形尺寸（长×宽×高）（mm）	主电机功率（kW）	主电机电压（V）	杀青时间（s）	杀青温度（℃）	台时产量（kg/h）
6CSZ—30	2 600×830×2 500	3	380	9 ~ 20	110 ~ 140	300
6CSZ—40	2 875×1 140×2 500	3	380	9 ~ 20	110 ~ 140	400

（三）冷却散叶设备

杀青叶冷却散叶主要有高温热风脱水、低温强风去水、自然风淋除水、高速离心脱水4种方式。目前生产中较多使用自然风淋除水，即将蒸汽杀青叶片迅速用冷风吹起6 m高左右4~5次，用以散开、冷却，除去表面水分，降低热量，这也是本生产线所采用的冷却散叶方式。冷却散叶机（图6-16）主要参数如表6-24所示。

图6-16　冷却散叶机

表6-24　冷却散叶机主要参数

产品型号	外形尺寸（长×宽×高）（mm）	冷却风铃数量（只）	台时处理量（kg/h）	电机功率（kW）	脱水率（%）
6CLS40—4	4 950×640×6 200	4	450	11	2~5
6CLS40—2	4 950×320×6 200	2	225	6.6	2~5

（四）碾茶干燥设备

近年来，研究人员经过反复试验，在传统窑式碾茶炉的基础上研发出复合型远红外碾茶烘干炉（图6-17），通过模块化分段烘烤，采用PLC精确控制温度和光源，实现远红外干燥和热风干燥结合，杀青叶在远红外碾茶烘干炉内以单层网带运输行走5min完成干燥，效率是传统碾茶炉的4倍。远红外碾茶烘干炉不仅能使产品延续传统烘房炉香的风味，且加工场地更加干净卫生。碾茶复合烘干炉–远红外型主要参数如表6-25所示。

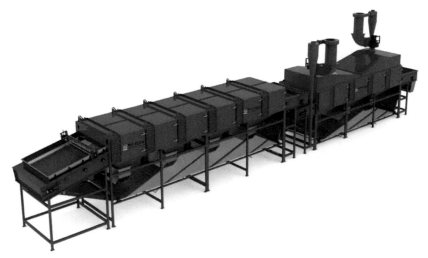

图6-17　6CHN400/500碾茶复合烘干炉–远红外型

表6-25　6CHN400/500碾茶复合烘干炉–远红外型主要参数

产品型号	外形尺寸（长×宽×高）（mm）	热风方式		台时处理量（kg/h）	远红外功率（kW）	驱动功率（kW）	总功率（kW）	
		电热式（kW）	天然气				电热式	天然气
6CHN400	16 500×2 860×3 390	338.6	√	≥450	57.6	1.1	396.75	77.3
6CHN500	19 900×2 860×3 390	433.8	√	≥225	76.8	1.1	510.6	101.7

（五）梗叶分离设备

烘干工序后叶片和叶梗的含水量差距较大，叶含水量10%左右，叶梗含水量仍在50%左右，因此需要通过梗叶分离工序去掉茶梗、叶脉和碎叶。梗叶分离工序的主要设备是梗叶分离机（图6-18），分离机内置螺旋刀在旋转时将叶片从梗上剥离，剥离后的叶部分进入高精度风选机分离。梗叶分离机主要参数见表6-26。本生产线采用新研发的叶脉分离竖切式梗叶分离机，竖切机设有2个切割轮，茶叶从2个刀刃相互交合处的空隙中通过时，左右刀刃即可将附着在叶片上的叶脉分割下来，而且分割下来的叶脉不会被切断，在后续的风选机中很容易将其选别出来。

图6-18　梗叶分离机组及其分离后梗脉

表6-26　梗叶分离机主要参数

产品名称	产品型号	外形尺寸（长×宽×高）（mm）	台时处理量（kg/h）	总功率（kW）
风选机	HFX—1500	1 780×2 480×2 145	≥400	1.4
	HFX—710	1 970×820×2 200	≥280	1.2
梗叶分离机	6CGF—25	1 970×820×2 200	≥280	1.5
	6CGF—22	1 800×750×2 500	≥400	1.5

（六）烘干设备

经过梗叶分离之后，因叶片与梗筋的含水率不同，需要进入不同的干燥机分别进行干燥。一般来说，叶片以60~70℃的热风干燥10 min左右，即可制成碾茶。

本生产线采用改进后的新型翻板烘干设备，其以细孔翻板分段输送茶叶，热风分段进入不同层区，使用PLC分层控温，更适合细小茶片烘干，且上料区与烘干区分离，烘干环节更加卫生，提高了碾茶加工过程中的食品安全性。新型的J系翻板烘干机（图6-19）主要参数如表6-27所示。

图6-19　J系翻板烘干机

表6-27　J系翻板烘干机主要参数

产品型号	外形尺寸（长×宽×高）（mm）	热源形式		有效烘干面积（m²）	烘干时间（min）	台时产量（kg/h）	驱动功率（kW）
		电热式（kW）	液化气天然气				
6CHZ—20J	6 050×2 200×3 800	75	√	20	10～50	400～500	1.1
6CHZ—30J	6 700×2 200×3 800	75	√	30	12～60	500～800	1.1

生产线布置参考图（图6-20、图6-21）。

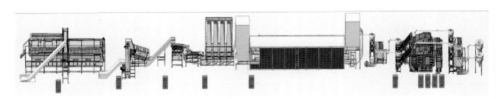

图6-20　传统碾茶生产线布置图

注：鲜叶每小时处理量250～300 kg，整线额定功率240 kW/h，长度约68 m，最高6.4 m。

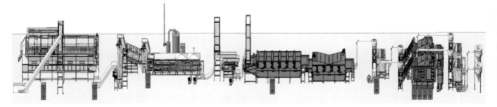

图6-21　新型碾茶生产线布置图

注：鲜叶每小时处理量400～500 kg，整线额定功率250 kW/h，长度约70 m，最高7 m。

第二节　抹茶精制加工装备

抹茶精制工艺复杂，装备较多。抹茶精制加工装备包括切茶机、筛分机、风选机、光谱分选设备（色选机）、球磨机、石磨机、气流粉碎机、超声波旋振筛、真空上料机和金探机等。

一、光谱分选设备

红外光谱分选设备主要是利用近红外线反射光谱不同的特点，滑道上流下的碾茶经过近红外线的照射后确认反射光线，根据预先设定的各种材料光谱分析信息，确定其是否为异色物，发出相应工作指令，气枪进行一次作业，将不良物剔除。

（一）设备简介

光谱分选设备（图6-22、图6-23）主要由喂料系统（振动器）、光学检测系统（图像采集）、信号处理系统（电脑运算）、人机界面（操作屏）和分离执行系统（喷阀）组成。

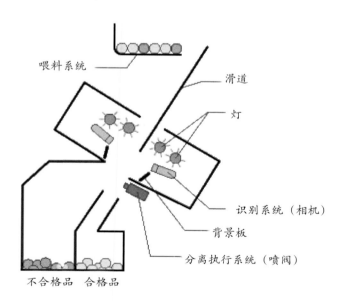

图6-22　光谱分选设备结构原理

图6-23　光谱分选设备

（二）工作原理

光谱分选设备（图6-23）工作时碾茶从顶部的料斗进入机器，通过振动器装置的振动，碾茶沿通道下滑，加速下落进入分选室内的观察区，并从传感器和背景板间穿过。在光源的作用下，根据光的强弱及颜色变化，使系统产生输出信号驱动电磁阀工作，将异色颗粒吹至接料斗的废料腔内，而好的碾茶继续下落至接料斗成品腔内，从而达到选别的目的。

（三）技术参数

部分光谱分选设备主要技术参数如表6-28所示。

表6-28　部分光谱分选设备主要技术参数

型号	外形尺寸（mm）	产量（kg/h）	总功率（kW）	精度	电源
TTR3	2 770×2 560×3 900	90～100kg	5.5	≥99	380V/50HZ
TTR6S	3 200×2 560×3 920	100～120kg	7.0	≥99	380V/50HZ

（四）主要功能

剔除茶类杂质和非茶类异物。

非茶类异物：虫子、石子、金属颗粒、塑料、碎玻璃、竹签、烟蒂等。
茶类杂质：青梗、暗红梗、黄片、暗红叶等（图6-24）。

图6-24 分选效果

二、球磨机

利用球磨粉碎是现阶段我国大多数抹茶加工企业所采用的方式。球磨机是一种在筒体罐中利用惯性和自身的重力，在高速旋转时相互撞击使物料粉碎的设备。

（一）设备简介

球磨机的主要功能是在低温和洁净的环境下对干燥的碾茶进行研磨，能够保持碾茶原有的色泽、香味，同时达到抹茶需要的目数大小。适用于研磨粉碎干燥后的碾茶。

（二）工作原理

球磨机（图6-25）由滚筒体、机架、传动装置等组成。滚筒体由不锈钢板钣金折弯后焊接而成。筒体内装有瓷球，筒体内壁装有不锈钢螺杆，筒体下部与主轴法兰焊接。筒体旋转时，瓷球在滚筒的带动下滚动，通过瓷球与瓷球之间的摩擦使原料粉碎，安装在筒壁上的螺杆与瓷球和原料碰撞，使瓷球和碾茶做无规则运动，从而最有效的研磨碾茶。同时安装在筒体外壁上的散热片在筒体旋转时，对筒体进行风冷，保证碾茶研磨好后的品质。

 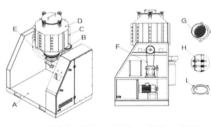

A.机架　B.滚筒转动机构　C.散热片　D.滚筒　E.摆臂架
F.摆臂架转动机构　G.出茶屉　H.研磨杆　I.密封盖

图6-25　球磨机及其结构原理

（三）操作方法

碾茶称重后放入球磨机内，设定时间参数启动机器，待时间到后机器自动停止下料。下料时，用钢丝网套将抹茶和石球分离。球磨机每次投入碾茶20～25 kg，转动时间20～22 h，室内温度在20℃以下，湿度在50%以下。

（四）技术参数

部分球磨机主要技术参数如表6-29所示。

表6-29　部分球磨机主要技术参数

型号	外形尺寸（长×宽×高）（mm）	产量（kg/h）	总功率（kW）
6CMQ-40K	1 400×1 000×1 860	≥0.91	1.75
6CMQ-80K	2 020×1 350×2 300	≥1.82	2.95

（五）设备特点

球磨机研磨出的产品匀透一致，颜色和香气好，品质稳定。采用PLC控制，能够自由控制研磨时间、转速、角度等参数。

三、连续式球磨机

连续式球磨机是超微粉碎机中能量利用率最高的设备，它具有粉碎比大、结构简单、机械可靠性强、易于检查和更换磨损零件的特点。

（一）设备简介

连续式球磨机（图6-26）主要功能是在低温和洁净的环境下对干燥的碾茶进行研磨，保持原有的色泽、香味，同时达到抹茶需要的目数大小，最小细度可达1 200目，适用于干燥后的碾茶研磨等。

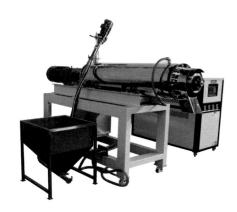

图6-26　连续式球磨机

（二）工作原理

连续式球磨机主轴以200 ~ 300r/min的速度转动，锆球在主轴的带动下滚动，通过锆球与锆球之间的摩擦使碾茶粉碎。通过不锈钢阻尼螺杆让锆球被主轴带到一定高度后落下，加快碾茶的破碎速度。连续式球磨机的锆球直径比普通球磨机小，球与球之间的间隙变的更小，使碾茶更容易受到摩擦力，粉碎更充分。

（三）技术参数

部分连续式球磨机主要技术参数如表6-30所示。

表6-30　部分连续式球磨机主要技术参数

型号	外形尺寸（长×宽×高）（mm）	产量（kg/h）	总功率（kW）	颗粒度（目）
6CLQM-30	2 716×912×2 212	≥15	17.37	800 ~ 1 000

（四）设备特点

连续式球磨机采用氧化锆为磨料，由于锆球硬度大，不易磨损，对碾茶污染很少。加工时出料时间短（15 min能出料），能连续生产，并且台时产量比较高，单机每小时可达20 kg。设备运转时噪音比较小，对人体与环境影响不大。设备占地面积比较小，对车间无需特别处理。

四、气流粉碎机

气流粉碎是目前我国抹茶粉碎中普遍采用的超微粉碎方式，利用气流式超微粉碎机，以压缩空气或过热蒸汽经过喷嘴时产生的高速气流作为颗粒的载体，通过颗粒与颗粒之间或者颗粒与固定板之间发生的冲击性挤压、摩擦和剪切等一系列作用，从而达到粉碎的目的。气流粉碎所获得的颗粒细腻，可达600~2 000目，且气流在喷嘴处膨胀时可以降温，粉碎过程中没有伴生热量，对热敏性和低焰点的物料影响较小。然而，气流粉碎加工过程中存在耗电量大、加工回收率低等缺陷。

（一）设备简介

气流粉碎机具有风冷、无筛网等多种性能，它不受物料黏度、软硬度及纤维等限制，对碾茶能起到较好的粉碎效果。

（二）工作原理

气流粉碎机（图6-27）一般由加料斗、分级轮、粉碎刀片、齿圈、粉碎电机、出料口、风叶、集料箱、吸尘箱等部分组成。碾茶由加料斗进入粉碎室，通过高速旋转的刀片进行粉碎，调节分级轮与分级盘的距离来达到所要求的抹茶细度，高速旋转的风叶把达到要求的抹茶从粉碎室引到集料箱布袋中，没有达到要求的抹茶继续在粉碎室中粉碎，集料箱布袋产生的粉尘由吸尘箱收集。

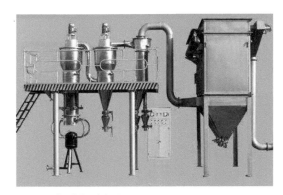

图6-27 气流粉碎机组

（三）技术参数

部分气流粉碎机的主要技术参数如表6-31所示。

表6-31　部分气流粉碎机的主要技术参数

型号	外形尺寸（长×宽×高）（mm）	产量（kg/h）	主轴转速（r/min）	总功率（kW）	配套压缩机
WF	600×1 200×1 900	200	3 400	7.5	螺杆式无油型

（四）设备特点

气流粉碎机结构简单，操作清理方便，噪音小、产量高，机器采用不锈钢材料制作，粉碎过程中无粉尘。采用无油型螺杆式空气压缩机，工作过程中无污染。

五、研磨粉碎机

研磨粉碎机（图6-28）是通过剪切力的作用，将物料进行粉碎。研磨式超微粉碎技术具有以下几个特点：第一，粉碎细度高，能使碾茶被粉碎到1 000目以上的细度；第二，粉碎温度低，机械在连续运转而不加冷却系统的情况下，生产中的粉末温度也绝对不会超过45℃；第三，粉碎成本低，与其他粉碎方法相比，能耗低，且机器本身耗材损耗极少、易于维护，可显著降低生产成本。

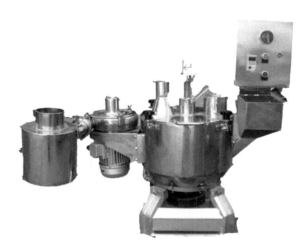

图6-28　研磨粉碎机

六、电动石磨机

电动石磨机（图6-29）采用石磨原理的方式加工，具有加工时间短，机械温度低，制备的抹茶色泽较翠绿、颗粒较细腻等优点。然而采用石磨法存在单台设备产量低、加工成本高、设备维护成本高的缺陷，很难满足现代抹茶生产需求。

（一）设备简介

石磨机采用纯天然白色砂岩石、超硬花岗岩为原料、精工制作，主要适用于碾茶低速研磨、原汁原味。

图6-29　电动石磨机

（二）工作原理

电动石磨机在传统人工转动的基础上增加了电机传动功能，实现了智能化操作，无需人工转动，打开开关就可连续化工作。

（三）技术参数

部分石磨机的主要技术参数如表6-32所示。

表6-32　部分石磨机的主要技术参数

型号	外形尺寸（长×宽×高）（mm）	转速（r/min）	总功率（kW）
SM60	400×400×1 200	18.0	1.1

（四）设备特点

石磨机操作简单，品质稳定，方便清理，噪音小。

七、超声波振动筛

超声波振动筛是一种高精度细粉筛分机械，其噪音低、效率高，快速换网，全封闭结构，振动筛增加超声振动装置，物料的加速度更快，有效解决物料的堵网问题，也能有效解决筛分过程中因静电引起的团聚现象，筛分效率最高。超声波振动筛适用于抹茶的筛分过滤。

（一）设备简介

超声波振动筛的基本原理是利用电机轴上下安装的重锤（不平衡重锤），将电机的旋转运动转变为水平、垂直、倾斜的三次元运动，再把这个运动传递给筛面，使物料在筛面上做外扩渐开线运动，故该系列振动筛称为旋转振动筛。旋转振动筛具有碾茶运行的轨迹长，筛面利用率高等优点，调节上、下两端重锤的相位角，可改变碾茶在筛面上的运动轨迹可以对碾茶进行精筛分、概率筛分等（图6-30）。

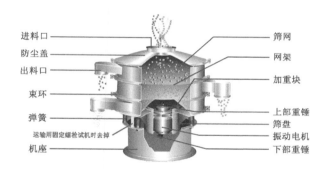

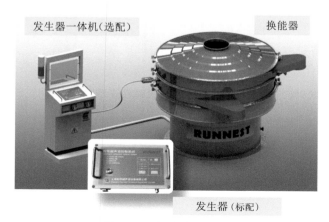

图6-30　超声波振动筛

（二）工作原理

超声波振动筛是将220v、50HZ电能转化为18～36KHz的高频机械能。超声换能器将其变成18～36KHz机械振动，从而达到高效筛分和清网的目的。

振动筛网上引入一个低振幅、高频率的超声波振动波（机械波），抹茶接受巨大的超声加速度，与网面接触的抹茶在高的加速度下，抹茶的运动速度大于筛网对抹茶的吸附力，所以抹茶不宜堵网。

（三）技术参数

部分超声波振动筛主要技术参数如表6-33所示。

表6-33 部分超声波振动筛主要技术参数

型号	公称直径（mm）	筛面直径（mm）	有效筛面面积（m²）	最大入料粒度（mm）	筛面规格目（英寸）	层数	振次（Rpm）	功率（kW）
RA-1000	1 000	900	0.63	<20	2-325	1-5	1500	1.1

（四）设备特点

解决抹茶强吸附性、易团聚、高静电、高精细、高密度、轻比重等筛分难题。彻底的筛网自洁功能，保障网孔通畅，增加过筛效率。

八、气动真空上料机

气动真空上料机是利用压缩空气通过真空发生器产生高真空以实现对物料的输送，具有结构简单、体积小、免维修、噪音低、控制方便、消除物料静电以及符合GMP要求等优点，特别适合抹茶生产企业应用。

（一）设备简介

气动真空上料机（图6-31）可以将抹茶从容器中直接送入混合机、反应器、料斗、压片机、包装机、振动筛、整粒机、湿法制粒机、干法制粒机和粉碎机中去。该机减轻了工人的劳动强度，杜绝了粉尘污染，保证生产符合"GMP"要求。

（二）工作原理

当一定压力的压缩气体供给真空发生器时，真空发生器就会产生负压形成真空气流，抹茶被吸入吸料咀，形成物气流，经过吸料管道到达上料机的料仓内。过滤器把抹茶与空气彻底分离，当抹茶装满料仓时，控制器会自动切断气源，真空发生器停止工作，同时料仓门自动开启，抹茶落到设备的料斗中。与此同时，压缩空气通过脉冲反吹阀自动清洗过滤器。等到时间到或者料位传感器发出上料信号时，自动启动上料机，周而复始。

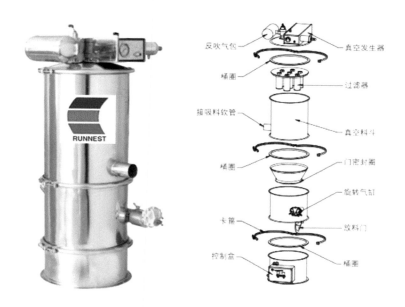

反吹气包
桶圈
描吸料软管
桶圈
卡箍
控制盒

真空发生器
过滤器
真空料斗
门密封圈
旋转气缸
放料门
桶圈

图6-31 气动真空上料机

九、金属探测仪

金属探测是抹茶精制加工一道重要的质量控制工序，对抹茶生产过程中出现的金属杂质进行检测及在线剔除，保证抹茶的产品质量安全。

（一）设备简介

金属探测仪（图6-32）的探测区域由三根线圈组成，一根发射二根接收，当通电时就会形成一个平衡的磁场，如干净抹茶可自由通过，有金属的抹茶通过时会改变由探测线圈产生的高频率区域。电子系统会计算该信号并发出一个脉冲给探测线圈和排出装置中的控制阀，金属物就会排出。有较多金属颗粒存在的情况下，排出时间会相应延长，以确保抹茶无污染。

（二）工作原理

金属探测仪（图6-33）在探测区里借助发射和接收线圈来分析一个电磁场，当一个金属物进入此电磁场中，检测信号会朝一个方向偏转，当金属物离开此电磁场时，检测信号会朝另一个方向偏转，如果两个开关阀都被超越

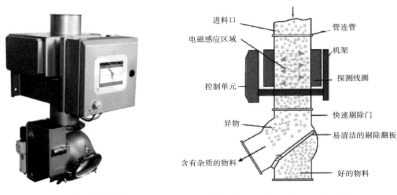

图6-32　金属探测仪　　　　图6-33　金属探测仪结构原理

了，就会破坏电磁场，开始传输剔除信号。在接收到金属物信号时，压力气缸会开启剔除阀门，金属物就会排到不合格产品出料口。当金属物排出之后，阀门就会自动关闭。

第七章 抹茶品质与审评

第一节 抹茶品质

一、抹茶品质标准

（一）国家标准抹茶品质分类

根据GB/T 34778—2017规定，抹茶感官品质等级分为一级和二级。

一级抹茶（图7-1）感官品质为外形色泽鲜绿明亮、颗粒柔软细腻均匀、香气覆盖香显著、汤色浓绿、滋味鲜醇味浓。

二级抹茶（图7-2）感官品质为外形色泽翠绿明亮、颗粒细腻均匀、香气覆盖香明显、汤色绿、滋味纯正味浓。

图7-1 一级抹茶

图7-2 二级抹茶

（二）地方标准抹茶品质分类

1. 贵州抹茶品质分类

根据贵州省地方标准《贵州抹茶》（DB52/T 1358—2018），贵州抹茶分为特级、一级、二级，共3个等级。

特级抹茶感官品质外形色泽鲜绿明亮、颗粒柔软细腻均匀、香气覆盖香显著、汤色鲜浓绿、滋味鲜醇味浓。

一级抹茶感官品质外形色泽翠绿明亮、颗粒柔软细腻均匀、香气覆盖香明显、汤色浓绿、滋味纯爽味浓。

二级抹茶感官品质外形色泽绿亮、颗粒细腻均匀、香气覆盖香、汤色绿、滋味纯正味浓。

2. 浙江抹茶品质分类

根据浙江省抹茶企业生产实践，抹茶和碾茶（抹茶原料）感官品质等级分为甲、乙、丙3类。

（1）抹茶感官品质分类

甲类抹茶（图7-3）感官品质为外形鲜绿明亮、颗粒柔软、细腻均匀，汤色鲜绿明亮，香气清鲜、海苔香浓郁，滋味鲜爽甘纯浓郁；

乙类抹茶（图7-4）感官品质为外形翠绿明亮、细腻均匀，汤色绿明亮，香气清香、海苔香显著，滋味鲜浓；

图7-3 甲类抹茶　　　　　　　图7-4 乙类抹茶

丙类抹茶（图7-5）感官品质为外形绿较亮、细腻均匀，汤色绿较亮，香气清纯、带海苔香，滋味纯正尚鲜、较浓。

（2）碾茶感官品质分类

甲类碾茶（图7-6）感官品质为外形鲜绿明亮、洁净，汤色嫩绿鲜亮、清澈，香气清鲜、海苔香浓郁，滋味鲜醇甘甜，叶底鲜绿、匀净、柔软；

乙类碾茶（图7-7）感官品质为外形翠绿明亮、较洁净，汤色黄绿明亮，香气清香、海苔香显，滋味醇爽，叶底翠绿、匀较净、较柔软；

丙类碾茶（图7-8）感官品质为外形绿较亮、尚洁净，汤色绿尚亮，香气清纯、带海苔香，滋味尚醇、尚鲜，叶底绿、匀尚净、尚软。

图7-5　丙类抹茶

图7-7　乙类碾茶

图7-6　甲类碾茶

二、抹茶品质检测

随着人们生活水平的提高，食品卫生已成为消费者最关注的问题之一。某种程度上，卫生已成为食品质量最首要的条件，并已普遍引起各国政府及贸易部门的重视。因此，各国根据茶叶卫生项目的确立及其限量指标和检测方法标准的研究制定了各

图7-8　丙类碾茶

自卫生法规，中国、美国、日本、德国、欧洲共同体、联合国粮农组织和世界卫生组织（FAO/WHO）等30多个国家（地区）都组织制定了茶叶中农药残留量、重金属含量、放射物、黄曲霉毒素、夹杂物等的全部或部分项目的限量指标和相应的检测方法标准。抹茶作为从喝茶向吃茶转变的主要茶类，对卫生指标的要求更加严格。

在抹茶生产、加工、流通、贸易活动中，除根据抹茶感官品质规格进行感官审评外，还必须进行必要的理化检验。理化检验的项目是根据需要或贸易双方的有关协定或进出口标准确定的。抹茶需要进行粒度、水分、总灰分和农残等检验。贸易中往往还需要进行游离氨基酸、儿茶素等含量的检验。根据GB/T 34778—2017抹茶国家标准要求，抹茶理化指标如表7-1所示。

表7-1　抹茶理化指标

项目	指标	
	一级	二级
茶氨酸总量（质量分数）（%）	≥1.0	≥0.5
粒度（D60）（μm）	≤18	
水分（质量分数）（%）	≤6.0	
总灰分（质量分数）（%）	≤8.0	

粒度是指颗粒的大小，抹茶的颗粒越小，口感越好。粒度检测是抹茶理化检测的重要组成部分。抹茶粒度检测通常用激光粒度分析仪。其原理是根据被测颗粒和分散介质的折射率等光学性质，激光粒度仪采用全量程米氏散射原理，按照被测茶粉样品大小不同的颗粒在不同角度上散射光强的变化反映出颗粒群的粒度分布数据，记录这些数值并使用适当的光学模型和数学程序对数据进行计算，得到包括粒度分布范围、平均粒度（Dav）、60%颗粒的粒度（D60）、90%颗粒的粒度（D90）和95%的粒度（D95）等指标，从而反映出各粒度的体积分布。在抹茶检测中，通常称取代表性样品（0.5～1.0 g）于装有分散介质的样品池中，检测60%颗粒的粒度（D60）数值，重复不少于5次，来测定抹茶粒度大小，重复测定的数值变异系数小于3%。

抹茶粒度也可按《粒状分子筛粒度测定方法》（GB/T 6288—1986）来测定。使用直径为200 mm的不锈钢筛为标准筛，尼龙布孔径为200目（75μm）、400目（38μm）、800目（18μm）、1 000目（13μm）、2 000目（6.5μm）、5 000目（2.6μm）和8 000目（1.6μm），底部为收集盘。取样品

100g，倒入一级筛内，盖上筛盖，装入筛振荡器，筛分5min，将筛分后的各级筛余物分别称质量，精确至0.001g，以质量百分数表示其粒度分布。重复测定2次，以测定的平均粒径表示抹茶粉末的粒度。

抹茶水分按GB/T 8304的规定方法检测；总灰分按GB/T 8306的规定方法检测；茶氨酸总量按GB/T 23193的规定方法检测；游离氨酸按GB/T 8314的规定方法检测；污染物限量按GB/T 2762的规定方法检测；农药最大残留限量按GB/T 2763的规定方法检测；水浸出物按GB/T 8305的规定方法检测；茶多酚按GB/T 8313规定的酒石酸铁比色法检测；咖啡碱按GB/T 8312规定的紫外分光光度方法检测；粗纤维按GB/T 8310规定的酸碱消煮法测定。

第二节　抹茶审评

抹茶审评时，审评人员运用正常的视觉、嗅觉、味觉、触觉的辨别能力，对抹茶的外形、汤色、香气、滋味、叶底等品质因子进行审评，从而达到分析评价抹茶品质的目的。抹茶审评包括碾茶（抹茶初制产品）和抹茶审评。

一、审评用具

（一）审评台

干性审评台高800～900mm，宽600～750mm，台面为黑色亚光；湿性审评台高750～800mm，宽450～500mm，台面为白色亚光。审评台长度视实际需要而定。

（二）碾茶审评用具

1. 评茶盘

木制或胶合板制成，正方形，外围边长230mm，边高33mm，盘的一角开有缺口，缺口呈倒等腰梯形，上宽50mm，下宽30mm，涂以白色环保油漆，无气味。

2. 审评杯碗

按照GB/T 23776中150mL审评杯和240mL审评碗规定执行。

3. 叶底盘

白色搪瓷盘，长方形，外径长230mm，宽170mm，高30mm。

（三）抹茶审评用具

1. 抹茶盘（图7-9）

黑色，圆形，平底，外径125mm，边高15mm。

2. 抹茶碗（图7-10）

白色瓷质，颜色组合应符合GB/T 15608中性色的规定，要求N≥9.5，大小、厚薄、色泽一致。碗高50mm，上口外径100mm，容量200mL。

3. 茶筅

茶筅（图7-11）是搅拌茶汤的特制竹刷。

4. 量杯

玻璃材质，有刻度，容量≥100mL。

5. 取样匙

不锈钢材质，匙底略平，容量3.0～5.0g。

（四）其他用具

1. 天平

天平感量0.1g。

2. 计时器

定时钟，精度为0.1s。

3. 烧水壶

普通电热水壶，不锈钢。

4. 茶匙

茶匙容量10mL。

图7-9　抹茶盘

图7-10　抹茶碗

图7-11　茶筅

二、审评方法

（一）碾茶审评方法

碾茶审评按照外形、汤色、香气、滋味、叶底"五项因子"进行。

1. 碾茶外形审评方法

取有代表性的茶样100.0～150.0g，置于评茶盘中。未精制碾茶用手匀平茶样，观察碾茶片状大小、净度和干茶色泽。精制后碾茶用双手握住茶盘对角，用回旋筛转法，使茶样按粗细、大小、整碎顺序分层并顺势收于评茶盘中间呈圆馒头形。根据上层（也称面张、上段）、中层（也称中段、中档）、下层（也称下段、下脚），审评外形嫩度、色泽、整碎和匀净度。

2. 碾茶冲泡方法与各因子审评顺序

取有代表性茶样3.0 g，置于审评杯中，未精制碾茶宜用取样匙压碎后冲泡，茶水比（质量体积比）1∶50，注满沸水、加盖、计时2min，依次等速滤出茶汤，留叶底于杯中，按汤色、香气、滋味、叶底的顺序逐项审评。

3. 碾茶内质审评方法

碾茶内质审评按照GB/T 23776规定执行。茶汤审评颜色种类、色度、明暗度和清浊度。香气审评类型、浓度和纯度。滋味审评浓淡、厚薄、醇涩、纯异和鲜钝。叶底审评嫩度、色泽和匀整度。

（二）抹茶审评方法

抹茶审评按照外形、汤色、香气、滋味"四项因子"进行。

1. 抹茶外形审评方法

用取样匙取有代表性的抹茶茶样3.0 ~ 5.0g，置于抹茶盘中。审评抹茶色泽、匀净度，比较颗粒细腻度。

2. 抹茶冲泡方法与各因子审评顺序

用取样匙取有代表性茶样1.0g，茶水比（质量体积比）1∶100，置于抹茶碗中，注入用量杯量取的100 mL沸水，使用茶筅顺时针方向搅拌茶汤，茶筅保持与碗底相贴，搅拌时间10 ~ 15 s（图7-12）。按汤色、香气、滋味的顺序逐项审评。

图7-12　抹茶冲泡

3. 抹茶内质审评方法

（1）汤色。审评茶汤颜色种类、色度、明暗度和清浊度，同时观察汤面与碗沿结合处的色度和明亮度。审评茶汤时应调换抹茶碗的位置以减少环境光线对茶汤的影响。

（2）香气。双手持抹茶碗，靠近鼻孔，嗅评碗中香气，每次持续2~3 s，反复2~3次，审评香气。

（3）滋味。用茶匙从碗底搅动茶汤2~3次，取4~6 mL茶汤于口内，通过吸吮使茶汤在口腔内循环打转，接触舌头各部位，根据浓淡、厚薄、醇涩、纯异和鲜钝等方面审评抹茶滋味。

三、审评结果与判定

（一）评分方式

按审评因子，采用百分制评分和加注评语同时进行。碾茶品质评定用语与品质因子评分标准见表7-2，抹茶品质评定用语与品质因子评分标准见表7-3。

表7-2　碾茶品质评语与各品质因子评分标准

因子	品质特征	得分	评分系数（%）
外形	鲜绿透亮、洁净	90~99	40
	翠绿透亮、较洁净	80~89	
	绿较透亮、尚洁净	70~79	
汤色	嫩绿鲜亮、清澈	90~99	10
	黄绿明亮	80~89	
	绿尚亮	70~79	
香气	清鲜、海苔香浓长	90~99	20
	清香、海苔香显	80~89	
	尚纯、带海苔香	70~79	
滋味	鲜醇甘爽	90~99	25
	醇爽	80~89	
	尚醇、尚爽	70~79	
叶底	鲜绿、匀净、柔软	90~99	5
	翠绿、匀较净、较柔软	80~89	
	绿、匀尚净、尚软	70~79	

表7-3　抹茶品质评语与各品质因子评分标准

因子	品质特征	得分	评分系数（%）
外形	鲜绿明艳、颗粒柔软、细腻均匀	90～99	30
	翠绿、细腻均匀	80～89	
	绿、细腻均匀	70～79	
汤色	鲜绿明亮	90～99	20
	绿明亮	80～89	
	尚绿亮	70～79	
香气	清鲜、海苔香浓长	90～99	20
	清香、海苔香显	80～89	
	尚纯、带海苔香	70～79	
滋味	鲜浓甘醇	90～99	30
	鲜浓	80～89	
	纯正尚鲜、较浓	70～79	

（二）分数确定

将单项因子的得分与该因子的评分系数相乘，并将各个乘积值相加，即为该茶样审评的总得分。计算公式如下式。

$$Y = A \times a + B \times b + \cdots + E \times e$$

式中：Y 表示审评总得分；A、B···E 表示各品质因子的审评得分；a、b、···e 表示各品质因子的评分系数。

审评因子评分系数见表7-4所示。

表7-4　审评因子评分系数　　　　　　　　　　　　　　（%）

茶类	外形（a）	汤色（b）	香气（c）	滋味（d）	叶底（e）
碾茶	40	10	20	25	5
抹茶	30	20	20	30	/

第八章　抹茶贮存与包装

　　抹茶是采用持嫩性好的鲜叶原料，经过精心加工而成的高档粉末类茶叶产品。鲜嫩的抹茶原料，通常含有较多的营养成分，如茶多酚、氨基酸、维生素C、咖啡碱、芳香物质等，具有鲜爽的口感及风味。由于这些抹茶产品含有丰富的营养成分，在贮藏过程中，这些成分容易受到外界一些特殊环境条件的影响，风味品质成分会发生一些变化，从而失去原有的鲜爽风味及品质特征。因此，抹茶的保鲜显得非常重要。

　　抹茶产品贮藏不当时非常容易变质。抹茶的包装，就是为了保护抹茶的特殊品质，而选用适当的容器或材料，根据不同情况对抹茶产品采用不同的技术处理，将抹茶与外界相隔离的一种装置。在当今的时代，随着茶叶产品市场的快速发展，通过包装的美化来增加抹茶产品的附加值，也成了包装的另外一种重要功能。

　　从茶叶的生产与消费过程来看，包装是实现抹茶价值的重要环节，是抹茶生产和消费之间的桥梁。在生产过程中，抹茶包装是最后一道重要的工序；在流通过程中，抹茶的包装与贮存技术，对抹茶产品的保护、运输、消费、使用等都起着极为重要的作用。

第一节　抹茶贮藏中主要品质成分变化

　　在包装、贮运过程中，抹茶很容易受一些环境条件的影响，从而发生感官品质的变化，导致产品变质或陈化，其根本原因在于抹茶中的茶多酚、氨基酸、脂类、维生素C、叶绿素等品质成分发生了变化，尤其是氧化和降解等变化过程，从而导致抹茶的色、香、味等感官品质下降。抹茶贮藏过程中，茶叶内含成分主要变化如下。

一、茶多酚

茶多酚是抹茶的主要品质成分，与抹茶的汤色和滋味品质紧密相关。茶多酚具有较强的苦涩味，对抹茶汤的滋味强度、收敛性等都有较大的贡献。在抹茶加工过程中，茶多酚得到了较好的保留。

茶多酚中的儿茶素，是一类非常活泼的化学物质，极易被氧化，在抹茶贮藏过程中，由于一些空气、高温、潮湿等环境条件的影响，可能会发生一些酶性氧化或非酶性氧化作用，茶多酚氧化、聚合、缩合为邻醌和茶黄素、茶红素、茶褐素等多种氧化聚合物，形成各种有色物质，而且有些最终产物不溶于水，从而影响抹茶本身的干茶色泽和汤色。

据研究证实，在抹茶的贮藏过程中，如果茶多酚含量下降5%，会表现出滋味变淡、汤色变黄、香气降低等不良品质特征；当茶多酚下降25%时，茶叶内含的营养成分含量将大幅度下降，抹茶也将失去原有的感官品质特征。

二、氨基酸

氨基酸是抹茶中非常重要的一类主要品质成分，甚至要高于一般绿茶中的含量。氨基酸是抹茶汤鲜爽滋味的关键物质，其含量高低通常是抹茶品质好坏的评价指标。一般来说，氨基酸在一定的温湿度条件下还会氧化、降解和转化，使贮藏时间越长，氨基酸含量下降越多，其组成比例也会发生一些变化。抹茶贮藏过程中，鲜爽味氨基酸的含量会发生较大变化，如果贮藏一年，将近一半的茶氨酸、谷氨酸、天冬氨酸和精氨酸等被大量降解和氧化，从而影响抹茶的滋味品质。贮藏过程中，氨基酸会与抹茶中的茶多酚氧化产物、可溶性糖等结合生成不溶性、暗色的聚合物，使抹茶失去收敛性和新鲜度。

三、叶绿素

叶绿素是影响抹茶色泽和汤色的关键色素类物质。在茶树鲜叶中，一般含有蓝绿色的叶绿素a和黄绿色的叶绿素b，以叶绿素a为主，两者的总含量及比例决定了抹茶的色泽。叶绿素a含量高时呈现深绿色，叶绿素b含量高时则表现出黄绿色。在抹茶加工过程中，如果叶绿素的总保留量多，叶绿素a所占的比例高，则抹茶的色泽越绿翠。

在抹茶贮藏过程中，叶绿素的稳定性较差，极易受光和热的作用，特别是在紫外线照射下产生置换和分解反应，生成脱镁叶绿素。当脱镁叶绿素含量比例达到70%以上时，抹茶会表现出褐变的特征。

四、维生素C

抹茶中常含有较高含量的维生素C，品质好的抹茶其含量更高，因此，维生素C可以认为是抹茶的重要品质因子和品质化学指标。在抹茶贮藏过程中，维生素C容易发生自动氧化，极易氧化成脱氢维生素C，甚至比茶多酚等品质成分更易变化，因而，维生素C对抹茶中的茶多酚等品质成分可起到一定的保护作用。维生素C氧化后的产物，可与氨基酸反应，导致抹茶汤色褐变及滋味钝化，造成营养价值及保健作用的下降。一般认为，在贮藏过程中，当维生素C保留量在80%以上，抹茶品质变化不明显，但是，当维生素C的含量减少到60%以下时，抹茶的品质将明显下降。

五、脂类物质

脂类物质的氧化，是引起抹茶陈化和香气劣变的最重要原因之一。脂类物质是构成茶叶香气的重要化学成分。抹茶中含有甘油脂、糖类、磷脂等脂类成分，特别是含有游离不饱和脂肪酸。这些脂类物质都属于不稳定的化学成分，也是一些重要香气成分的前体物质。抹茶贮藏过程中，由于受高温、光照、氧气等的影响，脂类物质会发生明显的氧化反应，导致感官风味品质下降，甚至产生陈味。脂类可以与空气中的氧发生缓慢的氧化作用，生成醛类与酮类物质，形成酸败、陈化等不良气味。

第二节 影响抹茶品质的主要环境因子

影响抹茶品质的影响因子，主要是水分、氧气、光、温度、湿度等外界环境条件。在贮藏过程中，由于抹茶本身的含水量、微生物含量，以及环境的温度、湿度、光照、氧气等因素的影响，导致茶叶内含成分发生一系列化学和物理变化，极易发生陈化、发霉等变质现象，从而使产品原有风味丧失，甚至失去了消费使用的价值。

要保障抹茶在贮藏及流通过程中的品质，关键是要控制抹茶的含水率、微生物含量，并在贮藏过程中尽可能地降低这些因素对抹茶品质的影响。

一、水分

水分是抹茶中营养成分发生各种生化反应的介质，也是微生物繁殖的必要条件。一般来说，抹茶含水率的增加，将会促进其内含营养物质的氧化反应也加快，抹茶品质的陈化劣变速度加快，色泽逐渐黄变，滋味鲜爽度减弱。实验证明，过高的含水量会导致抹茶的霉变和微生物繁殖。当含水率超过6.5%的抹茶存放6个月时就会产生陈气，含水率越高，陈化劣变现象就会越快。当含水率超过8.8%时，就有可能发霉。

抹茶具有疏松多孔的结构特征，具有很大的表面积，因而具有很强的吸附特性。在潮湿环境中，抹茶极易吸湿从而大幅增加含水量。如果环境中的相对湿度达到80%以上时，抹茶的含水率一天就可以增加到10%以上，必然会加速抹茶品质的陈化劣变。因此，控制环境的湿度条件，对于保持抹茶的感官品质显得非常必要。

二、氧气

贮藏过程中，抹茶品质的劣变与陈化，是多种化学成分发生了变化的结果，其中主要是氧气参与下的氧化反应。抹茶中的许多品质成分，例如茶多酚、维生素C、叶绿素、脂类物质等，均可以发生氧化反应。如果能将抹茶与空气中的氧进行隔绝，抹茶的质变就会受到抑制。研究表明，当抹茶包装袋内的含氧量低于1‰时，抹茶的化学变化非常缓慢，有利于抹茶品质的保持。

三、温度

抹茶贮藏过程中的温度高低，也会影响到各种化学成分的变化速度，尤其是对茶多酚、叶绿素等含量的影响最大。贮藏温度越高，抹茶品质的劣变越快。一般情况下，贮藏温度每升高10℃，抹茶的色泽和汤色褐变速度加快3~5倍，而低温可以极大地降低抹茶的变质速度。实验表明，低于5℃贮藏的抹茶，可以在较长时间内保持原有的绿翠色泽，保色效果较好，口感和风味也能得到很好的保持。

四、光线

光照能促进抹茶中的色素和脂类物质发生氧化反应，导致抹茶的色泽发生变化，出现退色或黄化，香气也会发生劣变。抹茶中的叶绿素易受光的照射而褪色，尤其是叶绿素b比叶绿素a有更大的光敏性，光照将使贮藏抹茶中叶绿素b的含量大幅度减少。抹茶在贮藏过程中，若受到光线照射，色素和酯类等物质可能会产生光氧化反应，使绿色转变成棕黄色，从而加速抹茶的陈化和变质。日光中的强烈紫外线，还有可能引起一些芳香物质发生光氧化反应，产生令人不愉快的日晒味。因此，抹茶在保存中也要注意避光。

第三节　抹茶的贮藏保鲜技术

为了延长抹茶的货架期，人们已经将许多绿茶贮藏保鲜方法应用于抹茶的贮藏保鲜。近些年来，一些新型贮藏保鲜技术被广泛应用于抹茶，例如低温贮藏保鲜技术、脱氧包装贮藏保鲜技术等。

一、低温贮藏保鲜技术

低温贮藏保鲜（图8-1）技术，是指改变贮藏环境的温度条件，使抹茶长期处于低温、避光、除湿条件下，降低抹茶内含化学成分的氧化反应速度，从而减缓抹茶品质劣变或陈化的方法，达到保鲜的效果。低温贮藏保鲜，是通过降低贮藏容器及场所的温度，间接降低抹茶产品的温度，主要有冰箱、冰柜、专用低温保鲜柜、保鲜库等多种方式。抹茶生产企业低温冷库一般采用制冷机组来实现，常采用冷库来贮藏保鲜抹茶产品。低温贮藏保鲜抹茶时，需要注意同时控制贮藏环境条件的湿度，相对湿度应该控制在60%以下。抹茶在存在过程中，也应该采用防潮性能好的包装材料，有效地保持抹茶在贮藏期内一直处于干燥状态。从冷库中取出抹茶时，应该注意让抹茶包装逐渐升温后再出库。

图8-1　低温冷库贮藏

二、脱氧包装贮藏保鲜技术

脱氧包装（图8-2），是指采用脱氧剂，将装有抹茶的密封容器内的氧气去除或减少，使抹茶处于低氧状态，从而抑制或延缓抹茶内营养物质的氧化过程，减少抹茶产品的品质劣变与陈化。

目前，常用的脱氧剂主要是以活性铁粉为基材，也可以使用活性碳、复合碳水化合物等。在抹茶的包装容器内，脱氧剂可与氧气发生化学反应，消耗容器内的氧气。一般情况下，加入脱氧剂24 h后，可以将包装容器内的氧气浓度降低到0.1%以下。即使包装容器内渗入微量氧气，脱氧剂仍然能够消耗这些氧气，从而在长时间内保持抹茶处于无氧或低氧的状态。

图8-2　脱氧包装

脱氧贮藏保鲜技术，具有脱氧效果好、安全可靠、体积小、使用方便等优点，比较适合小型包装产品，该技术的应用一般需要配套使用气密性与阻隔性能优异的包装材料。

第四节　抹茶的包装

抹茶的包装主要作用是保护抹茶的品质，通过包装的阻隔保护，控制抹茶品质的劣变过程，同时避免抹茶受到外界微生物与化学物质的污染。当然，包装也具有美化外观、吸引消费者的作用，可起到促进销售的作用。

贮藏过程中抹茶的品质，与包装材料和包装方法紧密相关，需要视实际情况进行选择和应用。抹茶包装材料的选择，应从包装材料的安全性、保护性、经济性和美观性等几个方面进行考虑。抹茶具有极易吸湿和吸附异味的特性，也很容易发生氧化变质。因此，对于包装材料的不透湿和不透氧性能有着较高的要求。

选择抹茶包装材料的总体要求是：具有良好的阻气性、防潮性、遮光性和热封性，并且安全、无毒、无异味，可以使用食品级包装材料。由于包装材料中的有害物质容易迁移到抹茶中，从而污染抹茶，因此需要注意保证抹茶包装材料不受杀菌剂、杀虫剂、防腐剂、熏蒸剂等物品的污染，包装过程中使用的印刷油墨、粘着剂等辅助材料也必须无毒无害。

目前，抹茶包装可以使用的材料主要有复合薄膜、纸、金属材料及玻璃、陶瓷等材料，在实际应用中也各有优缺点，可根据具体情况选用。其中，复合薄膜材料的阻隔性能较好。复合薄膜材料，其结构一般由阻气层、防潮层及热封层组成，常由2~5层的单体材料复合而成。由于复合薄膜是由几种塑料薄膜复合在一起的，因此在阻气、防潮、遮光、热封等性能方面起到取长补短的作用从而带来更好的贮藏保鲜效果。常见的聚酯／聚乙烯、铝箔/聚偏二氯乙烯、聚酯／铝箔／聚乙烯、聚丙烯／铝箔／聚乙烯、聚丙烯／聚偏二氯乙烯／聚乙烯等复合材料，具有良好的防潮保鲜效果，对抹茶的品质保持效果更好。

抹茶包装材料还需要考虑外观，应具有较好的可塑性。另外，现代社会的发展促使人们更为关注生活质量和环境安全，包装材料的环保要求也越来越高。

第九章 抹茶营养与应用

第一节 抹茶营养与保健功效

一、抹茶中的主要化学成分

抹茶（图9-1）富含人体所需的多种营养成分和微量元素，其主要成分为茶多酚、咖啡碱、游离氨基酸、叶绿素、蛋白质、芳香物质、纤维素、维生素C、维生素A、维生素B_1、维生素B_3、维生素B_2、维生素B_5、维生素B_6、维生素E、维生素K、维生素H等，微量元素为钾、钙、镁、铁、钠、锌、硒、氟等近30余种。研究发现，抹茶水浸出物、游离氨基酸、叶绿素含量较高，分别为35.63%、7.20%、0.85%左右，粗纤维含量较低为8.70%左右。相比一般绿茶，抹茶表现出独特的高蛋白质、高氨基酸，低茶多酚、低咖啡碱的特点，其茶多酚、咖啡碱、蛋白质、氨基酸含量分别为7.7%、3.4%、29.8%、2.5%左右。

图9-1 抹茶粉

二、影响抹茶品质的因素

影响抹茶品质的因素主要有加工方式及栽培方式。研究发现，在品种适制性方面，抹茶的感官要求是色绿、味鲜，表现在具体的理化指标上，就是"二高一低"，即叶绿素高、茶氨酸高，茶多酚低。目前国内试验与筛选了很多抹茶的适制品种，中小叶种有中茶108、龙井43、福鼎大白茶、鸠坑等为主，而日本主要是薮北、奥绿两个品种。抹茶适制茶树品种共同的特点有：叶张薄、叶片大、色泽绿，其中以中茶系列品种（如中茶108）表现更为突出，色亮绿、香清高、味鲜醇，覆盖香中透出浓郁的茶香，符合中国抹茶的特点及国人的饮用习性。在加工方式方面，蒸青富硒抹茶的硒元素、总糖含量和水浸出物均显著高于炒青富硒抹茶，而炒青富硒抹茶的氨基酸、咖啡碱、可溶性蛋白等营养成分含量略高于蒸青富硒抹茶。在栽培方式方面，棚遮阳栽培，适度遮阳和控制遮光率有利于氨基酸、叶绿素等成分的积累。

三、抹茶的保健功效

有关抹茶的保健功效，我们从对情绪认知和减压抗焦虑的作用、降脂减肥的作用、抗癌和抗肿瘤作用、抗氧化作用、抗菌作用、抗炎作用、对人体代谢反应及器官保护相关作用、抗逆转录病毒活性作用这8个方面来讨论抹茶的保健功能。

（一）对情绪认知和减压抗焦虑的作用

抹茶在世界各地越来越受欢迎，被认为是一种情绪和健脑食品。其减压、抗焦虑作用在近几年动物实验和临床试验被研究。早有研究表明，抹茶成分茶氨酸、表没食子儿茶素没食子酸酯（EGCG）和咖啡碱3种成分会影响情绪和认知能力。咖啡碱能改善人们长时间的认知任务和自我报告的警觉性、觉醒和活力，40 mg低剂量已经产生了显著影响。纯L-茶氨酸能使人们放松和平静，且200 mg就有效果。L-茶氨酸和咖啡碱的组合被发现在注意力转换和警觉性方面有效果，但程度上不如单独的咖啡碱效果。由于干预研究的数量有限，无法给出与EGCG诱导相关效应的结论性证据。但这些研究提供了可靠的证据，L-茶氨酸和咖啡碱对人们的记忆力和注意力有明显的有益影响。此外，L-茶氨酸被发现能通过减少咖啡碱引起的兴奋而起到放松的作用。与普通绿茶相比，粉状的抹茶会使得这些化学成分物质的摄入量大大增加。但在其同年发表的关于研究评估抹茶本身对情绪和认知能力效果的实验中，Dietz等人通过使用抹茶和含有抹茶的产品人为干预来研究抹茶对23名消费者情绪和认知能力影响，发现在饮用抹茶产品一段特定的时间之后，与安慰剂相比，在基本注意力能力和对刺激的心理运动反应速度上，有明显的改善，而对人们的注意力转换速度和情景性记忆的影响较小。

茶氨酸是绿茶中的一种主要氨基酸，对小鼠和人体都有减小压力作用。抹茶本质上是富含茶氨酸和丰富的咖啡碱的粉末状绿茶。然而，咖啡碱和茶氨酸之间有很强的拮抗作用。2018年Unno通过动物实验和临床试验研究了抹茶的减压作用。首先检测了抹茶的成分含量，并利用小鼠地域意识应激方法来检测抹茶对小鼠肾上腺肥大的抑制作用（肾上腺肥大程度为压力大小指标）。抹茶中茶氨酸和精氨酸含量高，具有较好的减压作用。然而，只有当咖啡碱和表没食子儿茶素没食子酸酯（EGCG）与茶氨酸和精氨酸的摩尔比小于2时，才能达到有效的减压效果。在临床实验中，39位参与者饮用了预期有减压效果的测试抹茶或预期没有效果的安慰剂抹茶，抹茶组人员压力反应的焦虑症状明显低于安慰剂组。然而，市场上大多数抹茶的（咖啡碱+EGCG）/（茶氨酸+精氨酸）的摩尔比是超过2的，2019年Monobe的实验中研究了持续饮用比例大于2的抹茶对压力应激后情绪行为的影响，发现持续饮用抹茶组表现出能够减少由心理和生理压力引起的焦虑行为，由此推测当（咖啡碱+EGCG）/（茶氨酸+精氨酸）的摩尔比超过2时，抹茶有抗压力作用的可能非常小。然而，还有另一种可能性，就是抹茶可以减少由压力引起的焦虑行为。

此外，2019年Kurauchi等使用高架和迷宫试验，评估了抹茶粉及其热水提取物（CSW）和乙醇提取物（CSE）对小鼠的抗焦虑的能力影响。实验发现口服抹茶粉和其热水提取物有抗焦虑作用。随后，Kurauchi等将抹茶热水提取物进一步细分为己烷可溶物（CSEH）、乙酸乙酯可溶物（CSEE）和水溶物（CSEW），发现其中CSEE和CSEH具有抗焦虑作用。同时，在抹茶抗焦虑的机理研究中发现，多巴胺D1受体阻遏剂SCH23390和血清素（1A）受体拮抗剂WAY100135能够拮抗抹茶粉和CSEE的抗焦虑作用。结果说明，抹茶粉能通过活化多巴胺和5-羟色胺来发挥抗焦虑作用。

抹茶既可作为饮品饮用，亦可作为食品食用。2019年Unno等通过给测试人员食用测试-抹茶饼干（（咖啡碱+EGCG）/（茶氨酸+精氨酸）=1.79）或安慰剂-抹茶饼干（（咖啡碱+EGCG）/（茶氨酸+精氨酸）=10.64）来评估抹茶在饼干中的减压效果。他们每天吃3块饼干，一共吃4.5 g抹茶，坚持了15天后，抹茶组的压力标志唾液α-淀粉酶活性明显低于安慰剂组，其中茶叶成分的（咖啡碱+EGCG）/（茶氨酸+精氨酸）比值是抑制压力的关键指标，（咖啡碱+EGCG）/（茶氨酸+精氨酸）比为2或更低的抹茶显示出缓解压力的效果，即使它包含在饼干糖果等产品中。这些食物产品也会对没有习惯喝抹茶的人产生有益的减压作用。

（二）降脂减肥的作用

抹茶的降脂减肥效果在近几年也被研究人员报道过，如2016年Xu等研究探讨抹茶水提物（水溶性物质）和残渣（水不溶性物质）对高脂饮食小鼠的抗氧化状态和血脂、血糖水平的调控作用。实验分为7组：正常饮食（NC）、高脂饮食（HF）、高脂饮食＋0.025%抹茶（MLD）、高脂饮食＋0.05%抹茶（MMD）、高脂饮食＋0.075%的抹茶（MHD）、高脂饮食＋0.05%抹茶水提取物（ME）和高脂饮食＋0.05%抹茶残留物（MR），喂养4周后发现MHD组血清总胆固醇（TC）、甘油三酯（TG）水平明显低于HF组。MHD组高密度脂蛋白胆固醇（HDL-C）水平升高，而低密度脂蛋白胆固醇（LDL-C）水平降低。此外，抹茶能显著降低血糖水平，提高血清和肝脏超氧化物歧化酶活性和丙二醛含量；同时，血清谷胱甘肽过氧化物酶活性表明，抹茶可逆转由高脂饮食引起的氧化应激。结果说明，抹茶能通过抑制血糖的积累，促进脂质代谢和抗氧化活性来发挥有益的作用。另外，实验中抹茶的水不溶性成分在抑制饮食引起的高脂和高糖方面发挥重要作用。

另外两个研究报道了抹茶在人体运动过程中脂肪氧化消耗的作用，已有研究发现儿茶素、表没食子儿茶素、没食子酸盐和咖啡碱的摄入已被证明能增强运动诱导的脂肪氧化。2017年，Willems研究了抹茶粉在人体进行亚最大强度跑步时的代谢和生理反应。参与者在前1天服用3×3粒胶囊以及运动前1小时服用3粒胶囊，并处于禁食状态（每粒胶囊含有77 mg儿茶素和12 mg咖啡碱）。结果发现，抹茶粉在任何时间点对分钟通气、耗氧量、脂肪氧化、碳水化合物氧化、心率和RPE均无影响。短期地摄入抹茶粉对亚最大强度跑步时的代谢和生理反应没有产生不良影响。而在1年后，Willems研究了抹茶绿茶饮料对快走过程中代谢、生理和感知强度反应的影响。共有13名女性参与实验，参加者会在前1天饮用3杯抹茶（每杯含1 g抹茶）以及在步行测试前2小时喝1杯抹茶，实验发现抹茶对生理和感知强度反应没有影响，但能够降低呼吸交换率和增强30 min快走时的脂肪氧化能力。不过，在减肥计划中，不应该夸大抹茶对新陈代谢的影响。这2项实验研究结果的差异，推测可能是由于运动强度、性别、参与者体格、抹茶摄取方式及含量等诸多因素的差异所导致的。

（三）抗癌和抗肿瘤作用

抹茶的成分茶多酚等已经被报道具有防癌抗癌和抑制肿瘤生长的功效，抹茶也推测具有显著的抗癌特性。目前，已有许多实验发现抹茶的抗癌作用，早期的研究出现在1993年，Wakai通过流行性病学调查研究发现吸烟习惯、饮用咖啡、红茶、抹茶（绿茶粉）和可乐等生活方式因素对膀胱癌预后无显著影响。不过该病例对照实验仅仅区别了从不喝抹茶（never）和曾经喝过抹茶（ever）的人员，可能长期饮用抹茶会有一定的抗癌作用。而在随后的1996年，Matsushima等人研究了不同茶类对正丁基-n-（4-羟基丁基）亚硝胺（BBN）诱导的大鼠膀胱肿瘤的抑制作用。研究人员将BBN添加Wistar大鼠饮用水中至浓度为0.05%，5周后换用含有抹茶的饮用水（25 mg/mL）喂大鼠。在大鼠肿瘤的数量和大小上，抹茶与对照组之间无显著差异。1999年Sato采用了同样的BBN处理Wistar大鼠5周后，换用含有绿茶、抹茶、煎茶、乌龙茶、红茶的饮用水喂小鼠，其中抹茶浓度与Matsushima实验中浓度相当（25 mg/mL），研究发现在肿瘤的平均体积上抹茶处理组有显著差异，但在大鼠的肿瘤数目上没有明显差异。实验结果最后表明，绿茶组对肿瘤生长的抑制作用最强。此外，Sato还对比了绿茶饮用和绿茶粉食用方式对抗膀胱肿瘤的影响，实验发现，大鼠肿瘤数目在处理组之间差异不显著。但处理组肿瘤平均体积差异显著，且绿茶粉末食用对肿瘤生长的抑制作用最强，肿瘤总体积仅为对照组的13%。为进一步比较绿茶粉末的抗膀胱癌作用，在0.05% BBN处理5周后，Sato还利用含有0.15%、1.5%、3.0%的绿茶粉的饲料喂养大鼠至40周，实验结果发现3.0%的绿茶粉饲料组（每天会摄入122 mg抹茶）与对照组大鼠肿瘤数比较差异有统计学意义，且所有处理组的肿瘤平均体积与对照组比较有显著性差异，3.0%的绿茶粉饲料组的总肿瘤体积约为对照组的3.7%。综上所述，绿茶粉（抹茶）具有一定的抑制BBN诱导的膀胱肿瘤生长的作用，且在高浓度处理下，能够抑制肿瘤发生数量。

在癌细胞体外实验方面，已有研究表明，EGCG能调控核过氧化物酶体增生物激活受体（PPARγ），这种受体具有抗增殖、抗肿瘤和抗氧化的特性。2017年Schroder研究了抹茶提取物对PPARγ-依赖的乳腺癌细胞株的增殖作用（MCF7和T47D）。结果发现PPARγ的在抹茶提取物处理T47D细胞中表达量增加，且在50μg/mL浓度时就有明显增加（P<0.05），而MCF7细胞未见明显的表达增强。PPARγ的蛋白质表达在抹茶提取物处理的T47D细胞中增加，而MCF7却降低。细胞增殖实验结果显示，T47D细胞在抹茶提取物［5μg/mL（P<0.05），10 μg/mL（P<0.01）和50 μg/mL（P<0.001）］处理72 h后，细胞增殖能够被显著地抑制。而MFC 7细胞的增殖行为无明显变化。到2019年，Schroder团队又研究了抹茶、绿茶及其成分EGCG、槲皮素和它莫西芬对MCF-7和MDA-MB-231乳腺癌细胞的抗癌潜能。首先，采用高效液相色谱法测定抹茶、绿茶中EGCG和槲皮素的含量和免疫组化检测细胞的受体状态，随后进行了各种细胞生存力和细胞毒性试验。在用绿茶提取物、EGCG、槲皮

素和它莫西芬培养细胞后，细胞的生存能力或增殖能力都有下降，且2种细胞系的效果相似。本研究证实抹茶中的EGCG和槲皮素对雌激素受体阳性和阴性的乳腺癌细胞都有生长抑制作用。

还有研究人员研究了抹茶对肿瘤干细胞的影响，2018年，Bonuccelli同样使用了雌激素受体阳性的MCF-7细胞株作为模型，通过代谢表型和无偏蛋白组学分析，系统研究了抹茶在细胞水平上的作用。结果发现，抹茶确实能够抑制乳腺癌干细胞（CSCs）在组织培养中的增殖，IC_{50}约0.2 mg/mL。且代谢表型显示，抹茶足以抑制氧化线粒体代谢（OXPHOS）和糖酵解通量，使癌细胞进入更安静的代谢状态。无偏倚无标签蛋白质组学分析鉴定了抹茶的处理能够下调的特定线粒体蛋白和糖酵解酶。此外，通过将蛋白质组数据集通过智能通路分析（IPA）软件进行生物信息学分析发现抹茶能够强烈影响mTOR信号，特别是下调40S核糖体的组成成分。这里提出了一个有趣的可能性，即抹茶可以作为mTOR的抑制剂。此外，其他关键通路也受到影响，包括抗氧化反应、细胞周期调节以及白细胞介素信号。且Bonuccelli的结果与抹茶可能通过介导癌细胞的代谢重编程而具有显著治疗潜力的观点一致。

（四）抗氧化作用

茶多酚的抗氧化功能已经毋庸置疑，而抹茶中同样含有茶多酚等抗氧化化学成分，在经过抹茶的加工工艺后的粉末状的绿茶（抹茶式），会比一般的绿茶能浸泡出更多的营养物质和多酚类化合物。2016年，Fujioka揭示绿茶粉状化前后的化学和功能差异，利用高效液相色谱法（HPLC）和液相色谱-串联质谱法（LC-MS/MS）分析，发现陶瓷磨粉和在热水中搅拌的过程，使抹茶的EGCG提取浓度相较于同量茶叶增加了3倍以上。此外，粉末状绿茶（抹茶）对活性氧（ROS）产生的抑制作用高于同量的茶叶。由于粉末状绿茶含有较高的儿茶素含量和颗粒，抹茶可能具有不同于叶茶的功能。2018年，Burcus团队在体内和体外研究3种不同的抹茶和1种以抹茶、越橘和益生菌菌株（作为对照）和1种商业绿茶为基础的果汁的生物活性。结果表明，抗氧化能力与表儿茶素水平和大量的咖啡碱有关。而这些化合物的含量受茶叶样品的影响，抹茶以最细的颗粒呈现，与获得最高的抗氧化潜能值相对应。同年Farooq的研究中，发现同品牌的散叶绿茶、袋装绿茶和粉末状抹茶对自由基的清除能力无显著差异。可能在形式的基础上，无论是散叶茶、袋装茶还是抹茶，无法概括出哪种形式的茶在清除自由基方面更有效。综上可以推测出，经过磨碎的粉状抹茶在水提取物中的茶多酚含量会相较于同量茶叶增加。

（五）抗菌作用

儿茶素对一般的细菌如金黄色葡萄球菌、大肠杆菌有显著的抑制作用。

而对于牙齿里的细菌，有研究人员研究了抹茶与其他成分联合对牙菌斑形成的作用。2016年，Lindinger发现口腔护理产品（OCP）的涂抹能够减缓狗牙齿的斑块形成的速度，OCP产品与实验对照组相比，还含有抗菌植物酶、有机抹茶、培养葡萄糖、碳酸氢钠和抗坏血酸这些物质成分。未患牙周炎的健康狗（其品种、性别和年龄各不相同）被分对照组和治疗组，采用非随机分层方法。治疗组的狗饮用含有OCP的水，而对照组的狗喝正常水。实验开始前，狗所有的牙齿都由兽医清洁，并评估牙龈炎指数。在第14天、21天和28天评估牙菌斑指数、菌斑厚度、牙龈炎、呼吸新鲜度和整体健康状况。在这28天的研究中，与对照组相比，OCP处理的狗的牙菌斑指数和菌斑厚度显著降低。到第14天，OCP减少了37%的菌斑形成；牙菌斑指数和覆盖28天平均减少22%，没有可测量的牙龈炎或牙石。由此可见，在没有其他口腔护理方式的情况下，饮用含有有机抹茶以及其他化学成分的口腔护理产品（OCP）后，可减少牙菌斑的形成。

（六）抗炎作用

茶多酚儿茶素的抗炎作用已有许多报道，而抹茶的抗炎作用也有研究报道。2016年，Nishimura比较了灯心草粉和抹茶的抗炎作用，虽然该文章最后报道灯心草粉的抗炎作用比抹茶好，但是抹茶也是具有一定的抗炎功效的。研究人员利用LPS体外激活的巨噬细胞模型来研究它们的抗炎作用，结果表明抹茶热水提取物和乙醇提取物能够抑制LPS刺激的巨噬细胞的一氧化氮生成，并且能够抑制脂氧合酶和透明质酸酶（炎症指标）。这些结果支持了抹茶在抗炎方面的潜在用途。

（七）对人体代谢反应及器官保护相关作用

抹茶在预防代谢紊乱方面也有研究，2018年，Takeuchi等研究了抹茶提取物对单核细胞内质网应激标记的影响。越来越多的证据表明，内质网应激在动脉粥样硬化发生和发展的各个阶段起着重要的作用。实验结果发现，抹茶50%乙醇提取物中总多酚含量为2.4 mg/mL，内质网络应激诱导剂可显著增加THP—1人体单核细胞中葡萄糖调节蛋白78（GRP78）、激活转录因子4（ATF4）、剪接x—box结合蛋白1（sXBP1）、C/EBP同源蛋白（CHOP）等ER应激标志物的mRNA表达。而抹茶提取物处理显著抑制了GRP78、ATF4和sXBP1表达的增加。说明抹茶对诱导的内质网络应激有抑制作用，长期摄入抹茶可能有助于降低动脉粥样硬化等内质网络应激相关疾病的风险。

在器官保护方面，EGCG对糖尿病性肾病大鼠肾脏损伤具有保护作用已被Yamabe研究，2009年，该团队又研究了抹茶［50mg/（kg·天）、100mg/

（kg·天）、200mg/（kg·天）]对Ⅱ型糖尿病大鼠肝、肾损害预防作用。在该研究中，自发Ⅱ型糖尿病OLETF大鼠口服抹茶16周后，评估血清、肝脏、肾脏生化参数以及糖基化终末产物（AGEs）、N—e—（羧甲基）赖氨酸（CML）和N—e—（羧乙基）赖氨酸（CEL）、AGE受体（RAGE），固醇调节元件结合蛋白（SREBP—1和2。结果显示，抹茶可显著提高血清总蛋白水平，而血清白蛋白和糖化蛋白水平以及肾脏葡萄糖和甘油三酯水平仅受到轻微或完全不受影响。然而，抹茶治疗显著降低了血清和肝脏中葡萄糖、甘油三酯和总胆固醇水平、肾脏AGE水平和血清中硫代巴比妥酸反应物质水平。此外，口服抹茶还可降低肾脏CML、CEL和RAGE的表达，增加肝脏SREBP—2的表达，但不增加SREBP—1的表达。这些结果表明，抹茶通过抑制肾脏AGE积累、降低肝脏葡萄糖、甘油三酯和总胆固醇水平以及抗氧化活性来保护肝脏和肾脏免受损害。

（八）抗逆转录病毒活性

此外，在抹茶抗病毒方面也有研究。2011年，Townsend研究了草药、香料、水果和抹茶的抗逆转录病毒活性，采用水萃取法分离低分子量和高分子量的水相馏分（LMWF、HMWF），并使用标准试剂盒和实验方案分别进行了HIV—Ⅱ逆转录酶（RT）、HIV—Ⅱ蛋白酶（PR）和葡萄糖水解酶（葡萄糖醛酸酶和葡萄糖苷酶）的抑制实验，这几种酶对病毒复制、外壳组装和病毒活力有着重要作用。结果表明，抹茶LMWF和HMWF组分具有显著的抗逆转录病毒活性。对HIV—RT、HIV—PR、α—葡萄糖苷酶，β—葡萄糖苷酶和β—葡萄糖醛酸酶有明显抑制。该研究结果为从抹茶中获取植物性化学物质的抗逆转录病毒活性提供了初步证据。

第二节　抹茶在食品（饮料）上的应用

抹茶不仅具有茶叶中的多种健康成分，而且抹茶风味、色泽还可以改善食品、饮料的产品品质，赋予食品、饮料更多的特色，因此国内抹茶在食品和饮料应用上得到快速的发展。

一、焙烤食品

抹茶的焙烤食品主要有抹茶蛋糕、抹茶饼干、抹茶月饼、抹茶曲奇和抹茶榴莲酥等，现以抹茶蛋糕、抹茶饼干和抹茶月饼为例讲述应用方法。

（一）抹茶蛋糕

通常抹茶蛋糕的加工方法如图9-2所示。

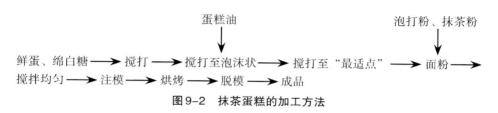

图9-2　抹茶蛋糕的加工方法

影响抹茶蛋糕（图9-3）感官品质的因素主要有抹茶粉添加量、泡打粉添加量、烘烤温度和烘烤时间。随着抹茶粉添加量的增加，蛋糕的色泽由黄绿色到绿色到暗绿色变化，口感由无茶香味到茶香味再到茶香味明显逐渐增加，到茶味过浓呈苦涩，以面粉量计，抹茶粉添加量在4%较为适宜。不同的烘烤时间、方式等对产品也有较大的影响。如温度过高，蛋糕表面会结壳、发糊，而里面还是半熟状态的；烘烤时间过长会使蛋糕表面发干，烘烤时间具体视烘烤温度而定，一般认为制作抹茶蛋糕的适宜温度为面火160℃，底火180℃，时间25 min。

图9-3　抹茶蛋糕

在蛋糕生产中加入一定量的抹茶有以下几点好处。第一，清新的茶香味可减缓蛋糕的甜腻感。第二，抹茶能够明显抑制微生物的生长、延长蛋糕的保质期。第三，抹茶的添加使蛋糕具有一定的保健功能，比如可降低老年人在心血管方面的得病概率。

（二）抹茶饼干

制备抹茶饼干的主要原料为抹茶粉、低筋面粉、糖粉、鸡蛋、黄油，其加工方法如图9-4所示。

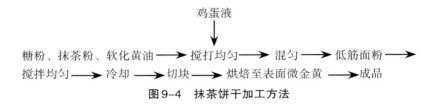

图9-4　抹茶饼干加工方法

影响抹茶饼干（图9-5）感官品质的因素主要有抹茶粉添加量、烘烤温度和烘烤时间。一般来讲，抹茶的添加量越大，饼干的绿色光泽、茶香等越好，但抹茶对饼坯的可塑性、面团成形能力和烘烤性能有较大的影响。随着抹茶添加量增加到1.8%～2.0%时，饼干产品在满足感官要求的情况下，表面会出现收缩、裂痕现象，且不同烘烤温度、烘烤时间对饼干上表面温度、水分含量有较大影响。研究表明，抹茶的添加量应小于1.5%。

图9-5　抹茶饼干

在饼干中加入抹茶有以下2点好处。第一，使得饼干具有淡淡的抹茶香，沁人心脾且口感松脆细腻、甜而不腻；第二，使得抹茶饼干不仅保持饼干原有的风味和营养价值，又添加了抹茶的营养价值，成为一种营养、绿色，风味俱佳的新型饼干。

（三）抹茶月饼

抹茶月饼（图9-6）是用中筋面粉、细糖、麦芽糖制作的美食，它的具体做法如下（以在饼皮中加入抹茶为例）。

首先将细糖加水一起煮开，立即加入麦芽糖搅拌至溶后，离开炉火，待糖水冷却，倒入已过筛的抹茶粉与面粉，一起和匀揉压成面团，而后等分为每个小面团，再将小面团擀成扁平状，包入馅料，放入烤箱烘烤。

影响抹茶月饼感官品质的因素主要有抹茶粉添加量、烘烤时间及温度。抹茶粉添加量过少，突出不了茶味，添加量过多会导致月饼只有茶味而没有馅料的香味。烘烤是月饼制作最重要的工序之一，影响着月饼的口感、色泽和组织状态。由于抹茶所含的茶多酚、叶绿素和茶香气物质对热敏感，故不能耐受高温和长时间烘烤。研究发现，烘烤温度低时间长，月饼内部组织粘牙，颜色浅黄，烘烤温度高时间短，月饼底部易焦糊，表皮易开裂。

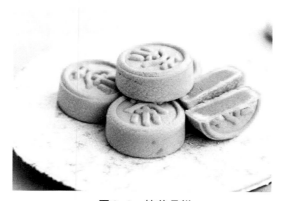

图9-6　抹茶月饼

在月饼中加入抹茶，使得月饼有抹茶的清香味，爽口并具一定的保健功能。

二、抹茶饮料

抹茶的饮料主要有抹茶奶茶、抹茶酸奶、抹茶豆浆、抹茶牛奶饮料等，现以前三种为例讲述应用方法。

（一）抹茶奶茶

抹茶奶茶又称抹茶拿铁，其加工方法如图9-7所示。

水、环状糊精、乳
化剂、稳定剂、茶 ⟶ 调配 ⟶ 均质 ⟶ 灌装 ⟶ 灭菌 ⟶ 检验 ⟶ 成品
粉、奶粉、白砂糖

图9-7　抹茶奶茶加工方法

影响抹茶奶茶感官品质的因素主要有抹茶、奶粉、环糊精、白砂糖和维生素C的添加量。抹茶的添加量对奶茶的颜色和口味具有一定的决定性，一般认为抹茶最佳添加量在0.8%左右。奶粉的添加使奶茶含有一定的蛋白质含量，还可掩盖一定的茶味，改善其颜色与口味。环糊精作为一种包埋壁材，可以包埋茶粉中的茶多酚、叶绿素和一些芳香物质，减少抹茶的不良气味，增加茶香。而白砂糖可以在一定程度上抑制抹茶的苦味，增加甜味，研究发现添加5%白砂糖后奶茶口味较好。维生素C作为稳定剂和护色的抗氧化剂，不仅可以使抹茶很好的悬浮于杯中，其对抹茶奶茶品质也有很好的稳定作用；维生素C添加量过少，促进氧化，但添加量过多则会产生异味或较强的酸味。研究发现，添加0.2%维生素C后的抹茶奶茶不但杀菌后未变色，而且常温放置后仍未变色（图9-8）。

图9-8　抹茶奶茶

加有抹茶的奶茶香醇、爽滑、浓郁，具有抹茶特有的香甜，含有抹茶特有的香气和颜色。其次，将抹茶和奶粉进行一定比例的调配，使其含有很多营养价值极高的营养物质，再加之抹茶有减肥美容等特殊功效，抹茶奶茶已

成为健康养颜饮品。

（二）抹茶酸奶

抹茶酸奶加工方法如图9-9所示。

鲜牛乳+抹茶粉+白砂糖 ⟶ 调配 ⟶ 均质 ⟶ 杀菌 ⟶ 冷却接种 ⟶ 灌装 ⟶ 发酵 ⟶ 冷藏 ⟶ 成品

图9-9 抹茶酸奶加工方法

影响抹茶酸奶品质的因素主要有抹茶添加量、发酵时间和菌种添加量。抹茶添加量对酸奶的色泽、形态、甜度、口感均有影响。据文献记载，抹茶粉适量存在于酸奶发酵过程中有利于保加利亚乳杆菌以及嗜热链球菌的生长繁殖；此外，抹茶粉能够和蛋白质生成凝聚网络状的结构来加大酸奶的保水力度，且有利于酸奶的发酵。然而，当抹茶粉添加过量时，会显著抑制保加利亚乳杆菌和嗜热链球菌的生长繁殖，导致产酸速率减小，酸奶凝乳口感较为粗糙，无细腻感，且过量的抹茶粉会在酸奶的底部形成沉淀，使酸奶的感官品质有所降低。研究表明，当抹茶粉的添加量为0.04%时酸奶的质地分布均匀，整体呈现悦目的浅绿色，不会析出乳清、抹茶粉及形成沉淀，并且有淡淡的抹茶清香。在发酵过程中，当发酵时间不足时，导致发酵程度偏低，进而造成发酵乳酸度较低、凝固状态较差、口感粗糙；而发酵时间过长，则乳酸菌过度繁殖，致使发酵乳产酸过快，导致球型的酪蛋白在酸性条件下变性并凝结成具有网状结构的凝胶状态，这样易造成甜酸比失调，且析出的乳清较多，会造成酸奶的组织状态极其不稳定。据报道，发酵时长12 h制作的酸奶口感适中。酸奶菌种添加量过高或过低都会造成酸奶品质不佳。菌种添加量过低，导致发酵不完全、产品的酸度过低且风味不佳。相反，接种量过高，导致在发酵初期阶段乳凝固较快，容易造成产酸速度加快，同时凝乳中的蛋白质出现脱水收缩的现象，进而导致乳清析出较多、产品组织变得粗糙、发酵乳质量较差。研究表明，当菌种添加量为4%时，抹茶酸奶品质优良（图9-10）。

将抹茶添加到酸奶中，茶叶中含有的茶多酚、氨基酸和咖啡碱不仅可以令酸奶的营养价值锦上添花，还赋予其特殊的风味，并且可以防止酵母和霉菌孢子在货架期生长繁

图9-10 抹茶酸奶

殖，这大大延长了酸奶的保质期。

（三）抹茶豆浆

抹茶豆浆的加工方法如图9-11所示。

大豆 ⟶ 挑选 ⟶ 浸泡 ⟶ 脱皮 ⟶ 热烫 ⟶ 磨浆 ⟶ 保温 ⟶

水浴 ⟶ 过滤 ⟶ 调配 ⟶ 均质 ⟶ 杀菌 ⟶ 灌装 ⟶ 成品

抹茶、白砂糖、盐、稳定剂

图9-11　抹茶豆浆加工方法

抹茶豆浆（图9-12）的感官品质主要与抹茶、豆浆和白砂糖的添加量相关。抹茶是抹茶豆浆茶香味的来源，抹茶添加量的多少影响饮料的色泽和口感。抹茶添加过少则茶味不显，添加过多将致使饮料苦涩。豆浆是抹茶豆浆的蛋白质来源，豆浆添加量的多少决定抹茶豆浆的醇厚度，豆浆添加过少豆香弱，抹茶苦味凸显；添加过多则豆浆香气掩盖部分茶香导致茶味不显，且豆浆过多导致蛋白含量丰富，易发生絮凝沉淀。白砂糖的添加一方面能增加饮料甜味，调和因抹茶添加造成的苦涩味，另一方面可提升介质密度，提高产品稳定性。在一定范围内白砂糖可提升产品的感官品质，但添加量过大时，饮料的感官品质会由于过甜而受影响。研究表明，豆浆、抹茶、白砂糖适宜的添加量分别为70%，0.6%和6%左右。

图9-12　抹茶豆浆

抹茶豆浆的开发，一是将抹茶鲜美的"覆盖香"和豆浆醇和的"豆浆韵"融合，创新出独特口感；二是在营养功能上实现了优势替代，让爱好奶茶的减肥人群、乳糖不耐症人群也能享受蛋白茶饮料带来的醇香和丝滑；三是发挥了传统食物在新时代的新功能，开辟了抹茶饮料研发的新途径。

三、抹茶冷饮制品

抹茶冷饮制品包括抹茶雪糕、抹茶棒冰、抹茶冰淇淋等，现以抹茶冰淇淋为例。抹茶冰淇淋的加工方法如图9-13所示。

原料混合 ⟶ 杀菌 ⟶ 均质 ⟶ 陈化 ⟶ 装容器 ⟶ 硬化 ⟶ 成品

图9-13　抹茶冰淇淋加工方法

研究发现，用于冰淇淋的抹茶粉必须保持抹茶的新鲜度，饱和度过大就会影响产品的特色。如抹茶粉含量为1.2%和1.0%时饱和度偏大产品品质下降。抹茶粉含量以0.6%较协调，在此添加量下，冰淇淋青草气不太重，而且还散发出淡淡的茶香味，突出了产品的特点，抹茶冰淇淋（图9-14）易被人们接受。

图9-14　抹茶冰淇淋

冰淇淋虽香味浓郁、冰凉爽口，深受消费者的喜爱，但在其制备过程中添加大量的糖、奶、油脂等，过多食用会对人体健康造成负担。抹茶添加于冰淇淋有以下几点好处：第一，可改善冰淇淋的品质，使其口感不粘；第二，使得冰淇淋具有调节脂肪代谢、消食、防止龋牙、助消化等功能。第三，抹茶是一种很好的天然色素来源，可代替一般的化学色素赋予冰淇淋特别的颜色。

四、其他抹茶食品

除抹茶烘焙食品、抹茶饮料、抹茶冷饮制品外，市面上还出现有抹茶牛轧糖（图9-15）、抹茶雪花酥（图9-16）、抹茶巧克力（图9-17）、抹茶绿豆糕（图9-18）、抹茶小卷（图9-19）、抹茶芝士（图9-20）、抹茶酱、抹茶风味迷你肠、抹茶面条、油炸抹茶丸子、抹茶口香糖等抹茶食品。现以抹茶酱、抹茶风味迷你肠、抹茶面条为例，介绍三者各自的特点。

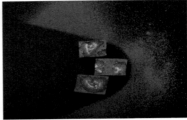

图9-15　抹茶牛轧糖

图9-16　抹茶雪花酥

图9-17　抹茶巧克力

图9-18　抹茶绿豆糕

图9-19　抹茶小卷

图9-20　抹茶芝士

（一）抹茶酱

抹茶酱加工方法如图9-21所示。

$$淡奶油、牛奶、果糖、白砂糖 \xrightarrow{溶解、混合} 熬制 \longrightarrow \left.\begin{array}{l} 浓稠、冷却 \\ 牛奶、抹茶（打匀） \end{array}\right\} 搅拌 \longrightarrow 均质 \longrightarrow 包装$$

图9-21　抹茶酱加工方法

影响抹茶酱（图9-22）感官品质的因素主要有白砂糖、抹茶、增稠剂添加量和熬制时间。白砂糖的添加比例不仅影响着抹茶酱的甜度，还影响茶味。抹茶的添加比例在影响着茶味的同时，还影响着抹茶酱的甜度和整体色泽。抹茶添加过量时，会导致抹茶酱颜色偏暗，味道变苦。抹茶添加不足时，会导致整体味道茶味不凸显。增稠剂的添加比例对抹茶酱的涂抹影响较大，增稠剂添加量较少时，抹茶酱流质性比较强，不易涂抹。增稠剂添加过多时，使得抹茶酱太稠，也不易涂抹，涂抹时会有断层且会导致气泡生成。不同的熬制时间对抹茶酱的流质感也有很大影响，熬制时间短，配方中的水分无法及时散失，不适合做涂抹状的抹茶酱使用；熬制时间过长，会导致在熬制过

165

程中后期水分散失过快、抹茶酱粘结锅底变糊而无法使用，且制作出来的抹茶酱基本不流动，使得其表面粗糙不光滑，质感不够。经实验发现，白砂糖、抹茶、增稠剂的最佳添加量分别为45%、6%、0.3%，熬制时间以16 min为佳。

在酱中添加抹茶既保留了抹茶、乳的有益成分，同时实现了茶叶精深加工。抹茶酱不经过高温高火，颜色、香气保持较好，可以用来涂抹在烘焙类食品上，并且保质期较烘焙食品长，这对产品货架期延长具有一定意义。

图9-22　抹茶酱

（二）抹茶风味迷你肠

抹茶风味迷你肠的加工方法如图9-23所示。

原料肉的选择与处理 —→ 切丁、绞肉 —→ 配料 —→ 拌料 —→ 预冷 —→ 灌肠 —→ 挂杆 —→ 低温干燥 —→ 烘干 —→ 剪肠 —→ 电烤 —→ 挑拣 —→ 真空包装 —→ 杀菌 —→ 喷码 —→ 检验 —→ 装箱 —→ 入库 —→ 出厂销售

图9-23　抹茶风味迷你肠加工方法

香肠是中国传统的美食，但由于脂肪含量高，易发生酸败，贮藏性较差，因此，为了延长货架期，不少香肠企业大量加入人工防腐剂，使产品在安全性能上存在一定的隐患。往香肠中添加抹茶，制作成抹茶风味迷你肠（图9-24）有以下几点好处：第一，不仅可以使香肠散发诱人的淡淡茶香，而且可以抑制脂肪的氧化。第二，可提高香肠呈色的稳定性、延长产品的货架期。第三，可提高香肠原料中营养成分的加工稳定性并改善香肠的营养结构，促进香肠向营养保健型转轨。

图9-24　抹茶风味迷你肠

（三）抹茶面条

抹茶面条（图9-25）的加工流程为面粉、抹茶、辅料（添加剂）→ 和面→熟化→轧片→切条→成品。

图9-25　抹茶面条

面条是世界性的大众食品，具有较广泛的消费基础，在面条中添加抹茶不仅增添了面条的保健和营养功能，而且因口味独特，满足了大众对面条的个性化消费需求。

第三节　抹茶在日化产品中的应用

目前，抹茶在日化产品的应用主要集中在面膜、香皂、牙膏等方面。

一、抹茶面膜

目前市面上常见的面膜主要有水洗膜、硬膜、软膜、膏状面膜、敷贴式面膜等几种形式。抹茶粉在水洗面膜方面应用较为广泛。这种面膜涂抹较为方便，在脸上涂抹十多分钟后不会完全变干。工艺过程为将羟乙基纤维素加入水和甘油的混合物中高速分散搅拌并加热至80～90℃，加入抹茶粉等其他粉类物料，加入防腐剂及各种添加剂，抽真空脱气泡，最后加入香精。加入抹茶粉的面膜具有美白、抗衰老、抑菌、补水的作用。

（一）抹茶美白面膜

抹茶的主要美白作用机制包括清除自由基，减少黑色素的沉积，清除黑色素产生所必需的氧元素，抑制酪氨酸酶活性，限制黑色素从黑素小体到角质细胞的转移，从而整体调亮肤色及通过剥离角质层，加速角质层的更新。研究表明，抹茶提取物能够抑制黑色素合成积累以及酪氨酸酶活性，从而提亮肤色。此外，有研究表明抹茶中的类黄酮成分具有金属螯合能力，而茶多酚含有多种抗氧化成分，具有清除自由基能力，抗氧化作用与螯合金属离子作用共同发挥美白作用。同时，不同茶叶的功能性成分进行对比发现抹茶是最强的酪氨酸酶抑制剂，美白效果最佳。

抹茶美白面膜（图9-26）不仅具有很高的杀菌作用，而且还具有改善皮肤斑点和美白皮肤的美白作用。

图9-26　抹茶系列护肤品

（二）抹茶抗氧化面膜

生物体内的各种抗氧化酶可以清除自由基，随着年龄的增长，抗氧化酶活性下降，机体清除自由基能力降低，自由基堆积，代谢产物丙二醛（MDA）含量升高，加重机体受损程度，从而导致衰老的发生发展。抹茶中黄酮提取物能提高超氧化物歧化酶（SOD）和谷胱甘肽过氧化物酶（GSH—Px）的酶活力及总抗氧化能力（T—AOC）水平，降低MDA、一氧化氮（NO）水平，对衰老产生一定的抵抗作用。抹茶中的茶多酚（TP）能够降低组织内脂质氧化的终产物丙二醛（MDA）含量，并提高SOD活性。抹茶中茶多糖直接清除细胞内的自由基，或作为抗氧化酶的辅助因子协同作用，减少细胞氧化损伤；还可以显著提高衰老人胚肺二倍体成纤维细胞（HDF）的线粒体 *D-loop* 基因的表达量，保护衰老HDF细胞线粒体免受氧化损伤和完整性，从而保护细胞延缓衰老。综上所述，抹茶中的多种成分都能通过增加抗氧化酶的活性，抑制过氧化脂质的产生，从而起到延缓衰老的作用。Boscia Matcha Magic抗氧化面膜可轻松减少发红和发炎，这款面膜（图9-27）采用抹茶绿茶和柳树皮提取物等成分，可减少破裂，自由基损伤，皮肤脱水和油腻感。

图9-27　抹茶抗氧化面膜

（三）抹茶祛痘面膜

皮肤表面的细菌容易引起过敏和感染，严重时可导致化脓性病变。抹茶中茶黄素能通过结构稳态化修饰提高其生物活性、单体分离技术及多组分协同对病原菌的抑制作用，还能通过破坏细胞膜，降低AKP酶和ATP酶的活性，从而达到破坏细胞结构、抑制细菌生长的作用。抹茶中的儿茶素类分子，邻位酚羟基有较强活性，易脱氢转化为羰基与细菌作用，从而达到抑菌的效果。抹茶中的挥发油能改变细菌细胞壁和细胞膜的通透性，对细菌的DNA合成有一定抑制作用，从而对细菌产生抑制和灭活作用。抹茶祛痘面膜如图9-28所示。

图9-28　抹茶祛痘面膜

（四）抹茶补水面膜

抹茶中的儿茶素可促进水分吸收，从而达到保湿的作用，研究发现0.5%

薄荷醇水溶液对除表儿茶素（EC）外的儿茶素的促渗能力都强于水，尤其是对GCG有更好的促渗效果（图9-29）。

图9-29 抹茶补水面膜

二、抹茶香皂

将8%左右的抹茶加入油脂、碱类、橄榄油、月桂油、珍珠粉、活泉水中，通过搅拌、加热、调节pH值、制模等工艺得到pH值6.0～6.5的抹茶手工肥皂，适用于任何肌肤，具有深层清洁、舒缓抗敏、控油祛痘、抑菌消炎、补水保湿等功能（图9-30）。

图9-30 抹茶香皂

三、抹茶沫浴球

将碳酸氢钠与柠檬酸按照2:1的比例混匀，再加入洋奶粉混匀，搅拌过程中加入适量混合精油（山茶油、吐温80、抹茶按照4:2:1的比例混合后），最后加入适量的玉米淀粉、七水合硫酸镁、珠光粉、石泥粉，注入模具压制成球状（图9-31）。泡泡中还含有精油，可以滋润洁净皮肤，促进血液循环，舒缓疲劳，平静心宁等功效，同时心情愉悦，如同沉醉在茶园的清新世界。

图9-31 抹茶沐浴泡泡球

四、抹茶牙膏

牙膏是复杂的混合物，它通常由摩擦剂（如碳酸钙、磷酸氢钙、焦磷酸钙、二氧化硅、氢氧化铝）、保湿剂（如甘油、山梨醇、木糖醇、聚乙二醇和水）、表面活性剂（如十二醇硫酸钠、2-酰氧基键磺酸钠）、增稠剂（如羧甲基纤维素、鹿角果胶、羟乙基纤维素、黄原胶、瓜尔胶、角叉胶等）、甜味剂（如甘油、环己胺磺酸钠、糖精钠等）、防腐剂（如山梨酸钾盐和苯甲酸钠）、活性添加物（如叶绿素、氟化物），以及色素、香精等混合而成。加入抹茶的牙膏更安全，更健康，可以清除异味，持久清新（图9-32）。

图9-32 抹茶牙膏

附　录

抹茶相关专利

1. 一种含增绿机的自动化碾茶生产线
   申请号：CN201920624174.3；申请日：20190430；主要分类：A23F3/12；
   公开号：CN210124291U；公开日：20200306；
   申请人：浙江红五环制茶装备股份有限公司

2. 一种茶叶切叶机
   申请号：CN201920618093.2；申请日：20190430；主要分类：A23F3/12；
   公开号：CN210124285U；公开日：20200306；
   申请人：浙江红五环制茶装备股份有限公司

3. 一种蒸汽热风杀青机
   申请号：CN201910942305.7；申请日：20190930；主要分类：A23F3/06；
   公开号：CN110710579A；公开日：20200121；
   申请人：浙江大学；浙江红五环制茶装备股份有限公司

4. 一种碾茶炉排湿口自由开闭装置
   申请号：CN201920552540.9；申请日：20190422；主要分类：A23F3/06；
   公开号：CN209898166U；公开日：20200107；申请人：绍兴安亿智能机械有限公司

5. 一种碾茶炉高温热风内循环系统
   申请号：CN201920552702.9；申请日：20190422；主要分类：F26B15/18；
   公开号：CN209910337U；公开日：20200107；申请人：绍兴安亿智能机械有限公司

6. 一种球磨抹茶机同步出料接口
   申请号：CN201920552407.3；申请日：20190422；主要分类：B02C17/10；
   公开号：CN209901416U；公开日：20200107；申请人：绍兴安亿智能机械有限公司

7. 一种高效梗叶分离机
   申请号：CN201920553835.8；申请日：20190422；主要分类：B07B1/24；
   公开号：CN209901678U；公开日：20200107；申请人：绍兴安亿智能机械有限公司

8. 一种适用于抹茶加工的分筛机
   申请号：CN201920515067.7；申请日：20190416；主要分类：B07B1/24；
   公开号：CN209829496U；公开日：20191224；申请人：河南新林茶业股份有限公司

9. 一种适用于抹茶加工的球磨机
   申请号：CN201920514114.6；申请日：20190416；主要分类：B02C17/18；

公开号：CN209829139U；公开日：20191224；申请人：河南新林茶业股份有限公司

10.　一种抹茶超微粉碎机

申请号：CN201822244822.0；申请日：20181229；主要分类：B02C7/08；

公开号：CN209772242U；公开日：20191213；申请人：四川泰航食品科技有限公司

11.　一种碾茶及其加工工艺

申请号：CN201910917268.4；申请日：20190926；主要分类：A23F3/06；

公开号：CN110537594A；公开日：20191206；申请人：浙江华仕达茶业股份有限公司

12.　一种用于抹茶的蒸汽杀青设备

申请号：CN201920323345.9；申请日：20190314；主要分类：A23F3/06；

公开号：CN209693934U；公开日：20191129；申请人：四川泰航食品科技有限公司

13.　一种用于抹茶的去茎分选装置

申请号：CN201920323992.X；申请日：20190314；主要分类：B07B9/00；

公开号：CN209613561U；公开日：20191112；申请人：四川泰航食品科技有限公司

14.　一种抹茶粉存储包装罐

申请号：CN201920320189.0；申请日：20190314；主要分类：B65D23/00；

公开号：CN209601065U；公开日：20191108；申请人：黄山市锐翔包装股份有限公司

15.　一种自动称量抹茶粉包装设备

申请号：CN201920323344.4；申请日：20190314；主要分类：B65B1/32；

公开号：CN209581959U；公开日：20191105；申请人：四川泰航食品科技有限公司

16.　一种具有烘干功能的抹茶生产加工用原料搅拌机构

申请号：CN201920064881.1；申请日：20190115；主要分类：A23F3/06；

公开号：CN209546794U；公开日：20191029；申请人：南宁宇治园茶业有限公司

17.　一种用于抹茶生产专用茶磨的组合式石磨芯轴

申请号：CN201821708830.X；申请日：20181022；主要分类：B02C7/04；

公开号：CN209476362U；公开日：20191011；申请人：滨本安那

18.　一种单宁酶恒温酶解技术制备蒸青抹茶的方法

申请号：CN201810223507.1；申请日：20180319；主要分类：A23F3/10；

公开号：CN110279010A；公开日：20190927；

申请人：镇江市水木年华现代农业科技有限公司

19.　一种茶叶梗叶切割分离机

申请号：CN201821167063.6；申请日：20180723；主要分类：B02C18/14；

公开号：CN209406485U；公开日：20190920；

申请人：云南茶农生物产业有限责任公司

20.　一种抹茶粉精细化筛分设备

申请号：CN201822245112.X；申请日：20181229；主要分类：B07B1/28；

公开号：CN209318143U；公开日：20190830；申请人：四川泰航食品科技有限公司

21.　一种移动式茶叶蒸汽热风杀青机

申请号：CN201820944877.X；申请日：20180619；主要分类：A23F3/06；

公开号：CN209300135U；公开日：20190827；申请人：自贡市春兰茶业有限公司

22. 一种抹茶碾磨系统

申请号：CN201910419940.7；申请日：20190520；主要分类：A23F3/06；

公开号：CN110122604A；公开日：20190816；申请人：贵州贵茶（集团）有限公司

23. 一种抹茶加工装置

申请号：CN201821591982.6；申请日：20180928；主要分类：B02C17/10；

公开号：CN209174045U；公开日：20190730；申请人：浙江茶乾坤食品股份有限公司

24. 抹茶高效滚筒式蒸汽杀青脱水机

申请号：CN201821593797.0；申请日：20180929；主要分类：A23F3/06；

公开号：CN209152202U；公开日：20190726；申请人：贵州双木农机有限公司

25. 一种自动化碾茶生产线

申请号：CN201820305312.7；申请日：20180306；主要分类：A23F3/06；

公开号：CN209031023U；公开日：20190628；

申请人：浙江红五环制茶装备股份有限公司

26. 一种抹茶制备的工艺设备

申请号：CN201910278957.5；申请日：20190409；主要分类：A23F3/06；

公开号：CN109938121A；公开日：20190628；申请人：杭州径山神龙茶业有限公司

27. 一种茶叶抹茶作业设备抹茶机

申请号：CN201820781718.2；申请日：20180524；主要分类：A23F3/12；

公开号：CN208909044U；公开日：20190531；申请人：四川省登尧机械设备有限公司

28. 一种抹茶生产方法及设备

申请号：CN201711140645.5；申请日：20171116；主要分类：A23F3/06；

公开号：CN109793060A；公开日：20190524；

申请人：宜昌旺盛茶叶机械设备有限公司

29. 一种抹茶生产用蒸青干燥一体机

申请号：CN201820909009.8；申请日：20180612；主要分类：A23F3/06；

公开号：CN208875300U；公开日：20190521；申请人：四川农业大学

30. 一种超微抹茶粉及其制备方法

申请号：CN201910228074.3；申请日：20190325；主要分类：A23F3/06；

公开号：CN109757572A；公开日：20190517；申请人：四川泰航食品科技有限公司

31. 一种连续式球磨抹茶机

申请号：CN201821226394.2；申请日：20180801；主要分类：B02C17/16；

公开号：CN208824630U；公开日：20190507；申请人：浙江越丰茶叶机械有限公司

32. 一种连续式球磨抹茶机的研磨搅拌机构

申请号：CN201821225899.7；申请日：20180801；主要分类：B02C17/16；

公开号：CN208824629U；公开日：20190507；申请人：浙江越丰茶叶机械有限公司

33. 一种抹茶粉桶装提升装置

申请号：CN201821439843.1；申请日：20180904；主要分类：B66F7/02；

公开号：CN208791092U；公开日：20190426；申请人：浙江华茗园茶业有限公司

34. 一种碾茶专用蒸汽杀青机的滚筒装置

申请号：CN201820805881.8；申请日：20180529；主要分类：A23F3/06；

公开号：CN208676258U；公开日：20190402；申请人：绍兴起重机总厂

35. 一种碾茶蒸汽杀青机的杀青装置

申请号：CN201820305288.7；申请日：20180306；主要分类：A23F3/06；

公开号：CN208657853U；公开日：20190329；

申请人：浙江红五环制茶装备股份有限公司

36. 一种碾茶蒸汽杀青机的传动装置

申请号：CN201820305446.9；申请日：20180306；主要分类：A23F3/06；

公开号：CN208657854U；公开日：20190329；

申请人：浙江红五环制茶装备股份有限公司

37. 一种碾茶蒸汽杀青机的调整机架

申请号：CN201820307755.X；申请日：20180306；主要分类：A23F3/06；

公开号：CN208657855U；公开日：20190329；

申请人：浙江红五环制茶装备股份有限公司

38. 一种石磨加工茶粉工艺及系统

申请号：CN201811615440.2；申请日：20181227；主要分类：A23F3/06；

公开号：CN109452409A；公开日：20190312；申请人：刘冬林

39. 一种小型抹茶连续加工装置

申请号：CN201820909027.6；申请日：20180612；主要分类：B02C21/00；

公开号：CN208427196U；公开日：20190125；申请人：四川农业大学

40. 一种抹茶高效滚筒式蒸汽杀青脱水机

申请号：CN201811142780.8；申请日：20180929；主要分类：A23F3/06；

公开号：CN109007098A；公开日：20181218；申请人：贵州双木农机有限公司

41. 一种用于碾茶生产的风力输送装置

申请号：CN201820305413.4；申请日：20180306；主要分类：B65G53/60；

公开号：CN208166075U；公开日：20181130；

申请人：浙江红五环制茶装备股份有限公司

42. 一种球磨抹茶机

申请号：CN201820088058.X；申请日：20180118；主要分类：B02C17/18；

公开号：CN208115868U；公开日：20181120；申请人：湖州嘉盛茶业有限公司

43. 一种生产抹茶用的叶脉分离竖切机

申请号：CN201820378051.1；申请日：20180320；主要分类：B26D1/28；

公开号：CN208117949U；公开日：20181120；

申请人：贵州铜仁贵茶茶业股份有限公司

44. 球磨抹茶机

申请号：CN201820227677.2；申请日：20180208；主要分类：B02C17/10；

公开号：CN208098246U；公开日：20181116；申请人：西安凯伦生物科技有限公司

45. 一种抹茶制作工艺

申请号：CN201810821395.X；申请日：20180724；主要分类：A23F3/06；

公开号：CN108812968A；公开日：20181116；申请人：浙江华茗园茶业有限公司

46. 一种球磨抹茶机

申请号：CN201721930837.1；申请日：20171221；主要分类：B02C17/10；

公开号：CN208082601U；公开日：20181113；

申请人：杭州浙大百川生物食品技术有限公司

47. 一种碾茶生产用的茶叶振动传输设备

申请号：CN201721876868.3；申请日：20171228；主要分类：B65G27/04；

公开号：CN207956856U；公开日：20181012；

申请人：贵州铜仁贵茶茶业股份有限公司

48. 一种可充分烘干茶叶的碾茶炉

申请号：CN201721876859.4；申请日：20171228；主要分类：F26B17/12；

公开号：CN207963425U；公开日：20181012；

申请人：贵州铜仁贵茶茶业股份有限公司

49. 一种碾茶炉

申请号：CN201820305628.6；申请日：20180306；主要分类：F26B17/04；

公开号：CN207922799U；公开日：20180928；

申请人：浙江红五环制茶装备股份有限公司

50. 一种碾茶自动化生产工艺

申请号：CN201810398624.1；申请日：20180428；主要分类：A23F3/06；

公开号：CN108576267A；公开日：20180928；

申请人：浙江红五环制茶装备股份有限公司

51. 一种蒸汽杀青机

申请号：CN201810398518.3；申请日：20180428；主要分类：A23F3/06；

公开号：CN108354028A；公开日：20180803；

申请人：浙江红五环制茶装备股份有限公司

52. 一种梗叶分离机

申请号：CN201721406913.9；申请日：20171027；主要分类：B02C4/10；

公开号：CN207614918U；公开日：20180717；

申请人：浙江红五环制茶装备股份有限公司

53. 一种蒸汽热风混合茶叶杀青机

申请号：CN201721638969.7；申请日：20171130；主要分类：F26B11/06；

公开号：CN207501600U；公开日：20180615；

申请人：宜昌旺盛茶叶机械设备有限公司

54. 一种用于抹茶加工的风选机

申请号：CN201721407260.6；申请日：20171027；主要分类：B07B7/01；

公开号：CN207413796U；公开日：20180529；

申请人：浙江红五环制茶装备股份有限公司

55. 一种碾茶自动化生产线

申请号：CN201711458282.X；申请日：20171228；主要分类：A23F3/06；

公开号：CN107969514A；公开日：20180501；

申请人：贵州铜仁贵茶茶业股份有限公司

56. 一种茶叶梗．茎．叶分离机

申请号：CN201711462603.3；申请日：20171228；主要分类：B07B9/00；

公开号：CN107971231A；公开日：20180501；

申请人：贵州铜仁贵茶茶业股份有限公司

57. 一种蒸汽杀青碾茶生产线的冷却风送系统

申请号：CN201720221103.X；申请日：20170308；主要分类：A23F3/06；

公开号：CN207252703U；公开日：20180420；申请人：绍兴起重机总厂

58. 一种蒸汽杀青碾茶生产线的烘焙供热系统

申请号：CN201720221117.1；申请日：20170308；主要分类：A23F3/06；

公开号：CN207084030U；公开日：20180313；申请人：绍兴起重机总厂

59. 一种抹茶除杂方法及设备

申请号：CN201710732025.4；申请日：20170823；主要分类：B03C1/30；

公开号：CN107670841A；公开日：20180209；申请人：绍兴御茶村茶业有限公司

60. 一种基于比色的便携式抹茶鉴别仪

申请号：CN201621156369.2；申请日：20161031；主要分类：G01N21/25；

公开号：CN206710291U；公开日：20171205；申请人：浙江大学

61. 一种低温抹茶粉碎机

申请号：CN201621235320.6；申请日：20161118；主要分类：B02C7/08；

公开号：CN206688807U；公开日：20171201；申请人：苏州兮然工业设备有限公司

62. 一种蒸汽杀青碾茶生产线的冷却摊叶装置

申请号：CN201720221105.9；申请日：20170308；主要分类：A23F3/06；

公开号：CN206687059U；公开日：20171201；申请人：绍兴起重机总厂

63. 一种蒸汽杀青碾茶生产线的滚切及茎叶分离系统

申请号：CN201720221094.4；申请日：20170308；主要分类：A23F3/12；

公开号：CN206687074U；公开日：20171201；申请人：绍兴起重机总厂

64. 一种茶叶研磨机

申请号：CN201720322777.9；申请日：20170330；主要分类：B02C17/10；

公开号：CN206661336U；公开日：20171124；申请人：绍兴御茶村茶业有限公司

65. 一种茶叶梗叶分离机

申请号：CN201720322786.8；申请日：20170330；主要分类：B07B9/00；

公开号：CN206661690U；公开日：20171124；申请人：绍兴御茶村茶业有限公司

66. 一种热风蒸汽滚筒杀青机

申请号：CN201621363264.4；申请日：20161213；主要分类：A23F3/06；

公开号：CN206390165U；公开日：20170811；申请人：云县刘家坡茶业有限公司

67. 一种抹茶生产工艺及设备

申请号：CN201710216312.X；申请日：20170404；主要分类：A23F3/06；

公开号：CN106993667A；公开日：20170801；申请人：绍兴御茶村茶业有限公司

68. 一种小型抹茶连续加工装置

申请号：CN201621378141.8；申请日：20161215；主要分类：B02C18/12；

公开号：CN206286008U；公开日：20170630；申请人：三峡大学

69. 一种蒸汽杀青碾茶生产线

申请号：CN201710134944.1；申请日：20170308；主要分类：A23F3/06；

公开号：CN106689455A；公开日：20170524；申请人：绍兴起重机总厂

70. 一种茶叶梗茎叶分离装置

申请号：CN201520939048.9；申请日：20151123；主要分类：B02C21/00；

公开号：CN205164896U；公开日：20160420；申请人：江苏鑫品茶业有限公司

71. 一种茶叶梗叶分离机

申请号：CN201520666700.4；申请日：20150831；主要分类：A23F3/06；

公开号：CN204994535U；公开日：20160127；申请人：浙江珠峰机械有限公司

72. 一种抹茶碾磨装置

申请号：CN201510505948.7；申请日：20150818；主要分类：B02C7/08；

公开号：CN105057031A；公开日：20151118；申请人：梁文涟

73. 一种球磨抹茶机

申请号：CN201520052950.9；申请日：20150126；主要分类：B02C17/18；

公开号：CN204429413U；公开日：20150701；申请人：杭州茗宝食品有限公司

74. 一种热风蒸汽组合杀青机

申请号：CN201310350545.0；申请日：20130813；主要分类：A23F3/06；

公开号：CN103416514A；公开日：20131204；申请人：苏州市西山宏运材料用品厂

75. 一种抹茶杀菌装置

申请号：CN201010527691.2；申请日：20101102；主要分类：A23L3/005；

公开号：CN102450723A；公开日：20120516；申请人：梁文涟

76. 一种下置动力偏心式抹茶碾磨机

申请号：CN201010503397.8；申请日：20101012；主要分类：A23F3/06；

公开号：CN102440304A；公开日：20120509；申请人：梁文涟

77. 球磨抹茶机

申请号：CN200820088367.3；申请日：20080613；主要分类：A23F3/00；

公开号：CN201207891；公开日：20090318；申请人：娄利明

78. 抹茶的生产方法及其专用设备

申请号：CN200410065961.7；申请日：20041228；主要分类：A23F3/06；

公开号：CN1631188；公开日：20050629；申请人：王煜

附录二

中国抹茶记事

1972年，中国茶叶公司从日本进口6条蒸青茶生产线，分别布置在浙江余杭（2条）、江西（2条）、安徽、福建4省，拉开了蒸青茶生产序幕，为抹茶生产奠定了基础。

1993年8月8日，日本福冈县八女市大石茶园与浙江省绍兴县茶场合资成立绍兴御茶村茶业有限公司，陆续从日本进口全自动蒸青茶生产线12条，开始生产全部出口日本的蒸青茶。

2000年，浙江省蒸青茶生产达到顶峰。全省蒸青茶加工厂25家、生产流水线41条，产量7 880 t，产值1.5亿元，分别占全省茶叶总产量、总产值7.2%和6.6%。

2003年9月，浙江省茶叶产业协会蒸青茶分会成立，浙江省从事蒸青茶行业的各个市场主体从各自为战、自我发展，走向共同面对市场、协调发展的新阶段。

2004年10月，浙江省武义华帅茶叶瓜子机械有限公司在浙江骆驼制茶有限公司武义工厂建成我国第一条碾茶生产线。

2005年，浙江省余杭兴挺茶业有限公司首次从日本引进2条碾茶生产线，开始碾茶生产。

2006年，随着"好丽友"等食品企业在口香糖、糕点中添加抹茶，绍兴御茶村茶业有限公司等企业调整蒸青茶销售市场由出口为主转为内销为主，开始抹茶试生产。

2010年12月31日，绍兴御茶村茶业有限公司日方股份全部退出，由杭州山地茶业有限公司全部受让。绍兴御茶村茶业有限公司开始规模化生产抹茶。

2011年7月，绍兴御茶村茶业有限公司通过星巴克亚太区供应商审核，为星巴克抹茶拿铁、抹茶星冰乐等产品提供抹茶原料。

2015年2月9日，农业部发布《粉茶》（NY/T 2672—2015）行业标准，2015年5月1日实施。

2015年12月29日，河南石磨抹茶有限公司在河南省信阳市固始县成立，开始生产抹茶。

2016年8月1日，浙江省绍兴市富盛镇开工建设抹茶小镇。小镇规划3.6km²，以绍兴

市御茶村茶业有限公司为核心，有机结合产业、文化、旅游等要素，拉长抹茶产业链，打造集博览、创意、研究于一体的茶文化遗址公园，建设融观光体验、运动休闲、娱乐度假为一身的抹茶魅力小镇。

2017年11月1日，《抹茶》（GB/T 34778—2017）国家标准由中华人民共和国国家质量监督检验检疫总局、中国国家标准化管理委员会发布。2018年5月1日实施。

2017年11月21日，首届中国·绍兴抹茶发展论坛在浙江绍兴富盛镇御茶村成功举行。国内茶产业和茶文化专家学者、知名茶企、客商代表和媒体代表百余人就中国抹茶市场现状、未来和历史文化等进行了深入分析。

2017年12月，浙江红五环制茶装备股份有限公司自主研发的首条国产化碾茶生产线（6CSN-H550B型）完成试机。该生产线每小时鲜叶处理量400～500 kg。

2018年2月9日，贵州贵茶·欧标抹茶研究所在贵阳市南明区中华南路37号隆重开业。该体验店是国内首家"欧标抹茶"体验店，围绕抹茶展开的整店设计匠心独运、极具诗意、规格高端，带给消费者丰富的抹茶产品体验。

2018年4月16日，湖北省首条抹茶生产线在湖北省孝感市大悟县河口镇的湖北半兵卫茶业有限公司投入生产。

2018年6月27日，由浙江省农业技术推广中心申报的《抹茶茶园绿色生产技术规范》省地方标准由浙江省质量技术监督局（浙质标函〔2018〕123号）立项。

2018年9月5日，安徽龙熙生态农业集团在安徽省六安市裕安区独山镇投资建设融合抹茶加工与制品、抹茶工艺与文化、抹茶主题旅居与度假的抹茶小镇。

2018年9月12日，江苏鑫品茶业有限公司抹茶研发中心被农业农村部（农办产〔2018〕1号）认定为茶叶领域"国家抹茶加工技术研发专业中心"。

2018年9月17日，"高品质功能性超微茶粉（抹茶）产业化配套技术研究集成与示范"农业部重大协同攻关项目（2020XTTGCY02）在杭州召开项目启动会。浙江省农业技术推广中心项目主持人俞燎远高级农艺师主持会议。中国农业科学院茶叶研究

所、浙江大学、杭州市农业科学院、丽水市农业科学院、绍兴市农业科学院、柯桥区农林局等7家子项目承担单位的专家和项目参与人员参加启动会。

2018年9月25日，由浙江经兴检测技术有限公司、浙江省农业技术推广中心申报的《抹茶生产加工技术规范》省地方标准由浙江省质量技术监督局（浙质标函〔2018〕209号）立项。

2018年10月18日，首届贵州梵净山国际抹茶文化节在贵州省铜仁市江口县太平镇中心广场举行。中国国际茶文化研究会向贵州省铜仁市授予"中国抹茶之都""中国国际茶文化研究会抹茶文化研究中心"牌匾，中国茶叶流通协会向贵州省铜仁市授予"中国高品质抹茶基地"牌匾，贵州省质量技术监督局发布了《贵州抹茶》（DB52/T 1358—2018）省地方标准。

2018年10月29日至11月1日，由浙江大学茶叶研究所主办的全国首期抹茶生产技术培训班在衢州举办。共有来自全国抹茶管理、教育、科研和龙头企业的代表60余人参加培训。

2018年12月13日，浙江省金华市茶叶学会召开理事会暨抹茶技术培训会。邀请浙江省农业技术推广中心俞燎远高级农艺师作"新时代特色茶类——抹茶"专题报告。

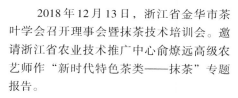

2019年1月1日，绍兴御茶村茶业有限公司成立浙江省重点农业研究院——绍兴御茶村抹茶研究院，重点研究抹茶的品种、种植、碾茶和抹茶加工技术。

2019年1月16日，"高品质功能性超微茶粉（抹茶）产业化配套技术研究集成与示范"项目在金华翡翠抹茶食品有限公司召开年度总结会议，浙江省农业技术推广中心俞燎远高级农艺师主持会议。项目承担单位和抹茶龙头企业代表50余人参加会议。

2019年3月15日，浙江省品牌建设联合会发布《饮料配料专用抹茶》（T/ZZB 0987—2019）浙江制造团体标准。

2019年3月31日，"浙江省抹茶产业发展论坛"在浙江省绍兴市柯桥区举办。来自浙江省抹茶科研、教育、管理、推广部门和抹茶龙头企业90余人参加。浙江省农业技术推广中心俞燎远高级农艺师作"浙江抹茶产业现状与发展思考"主题报告。

2019年5月18—22日，第三届中国国际茶叶博览会在杭州国际博览中心举办。国产化智能化碾茶和抹茶流水线展示，抹茶冰淇淋、抹茶雪花酥销售，抹茶应用推荐会等抹茶元素大放异彩。

2019年5月28日，山东鸿雨农业科技有限公司位于山东诸城的新建抹茶生产线开始投产。

2019年5月30日，由浙江省农业技术推广中心申报的《抹茶审评技术规范》省地方标准由浙江省市场监督管理局（浙市监函〔2019〕36号）立项。

2019年6月5日，由国家茶产业技术创新战略联盟与中国农业科学院茶叶

研究所联合主办的"抹茶加工装备及产业发展论坛"在浙江省绍兴市举行。

2019年7月16日，"中国径山禅茶文化座谈会暨授牌仪式"在浙江省杭州市余杭区召开，中国国际茶文化研究会授予杭州市余杭区"中华抹茶之源"称号。

2019年7月22—23日，"高品质功能性超微茶粉（抹茶）产业化配套技术研究与集成推广"农业农村部重大协同推广项目中期总结会在杭州淳安召开。浙江省农业技术推广中心俞燎远高级农艺师主持会

议。中国农业科学院茶叶研究所、浙江大学茶叶研究所等8个子项目负责人汇报了项目研究进展情况，研讨了抹茶生产关键技术。现场观摩了杭州千岛湖康诺邦健康产品有限公司抹茶食品化利用车间。

2019年9月9—11日，全国抹茶产业发展调研组赴浙江调研。调研组由国家茶叶产业技术体系首席科学家杨亚军研究员任组长，中国农业科学院茶叶研究所姜爱芹研究员，全国农业技术推广服务中心经济作物技术处王娟娟副处长，湖北省农业农村厅果茶办宗庆波调研员等参加调研，浙江省农业技术推广中心徐云焕副主任、俞燎远副科长陪同。调研组

听取了浙江省抹茶产业发展情况汇报，走访了8家抹茶生产企业和抹茶食品化利用企业，召开了4次抹茶专题座谈会，交流了抹茶适制品种、加工技术和市场需求等情况。

2019年10月16日，中国国际茶文化研究会、国家茶产业技术创新战略联盟、中国农业科学院茶叶研究所、武义县人民政府联合在浙江武义举办了"中国有机抹茶发展论坛"。中国国际茶文化研究会会长周国富、秘书长王小玲，中国农业科学院茶叶研究所党委书记姜仁华、副所长鲁成银、中国国际茶文化研究会、湖南农业大学刘仲华教授，浙江省农业技术推广中心副主任徐云焕、副科长俞燎远等出席会议。浙江省武义县被中国国际茶文化研究会授予"中国有机抹茶之乡"称号。

湖南农业大学刘仲华教授，中国农业科学院茶叶研究所鲁成银研究员、尹军峰研究员，浙江省农业技术推广中心俞燎远高级农艺师，浙江省茶业集团股份有限公司毛立民董事长等专家在论坛上作"抹茶在大健康领域的应用前景""抹茶产品质量标准与安全控制"

"国内外有机抹茶清洁化加工技术及装备""抹茶生产的浙江实践与种植管理""抹茶的前世今生"等抹茶专题报告。

2019年10月17日，"浙江省抹茶标准研讨会"在浙江武义召开。浙江省农业技术推广中心俞燎远高级农艺师主持会议，中国农业科学院茶叶研究所尹军峰研究员、《中国茶叶》翁蔚主编、浙江省茶叶产业协会刁学刚秘书长等40余名专家出席。会议对抹茶加工、抹茶审评等浙江省地方标准相关内容进行了研讨。

2019年10月18日，由贵州省铜仁市人民政府、贵州省农业农村厅主办的2019梵净山抹茶大会在贵州省江口县举行，来自国内外的政府官员、企业代表专家学者300余人出席大会。同日2019梵净山抹茶产业发展高端对话会在江口县抹茶小镇召开。

2019年10月30日，国际抹茶市场发展论坛在湖北省赤壁市举行。论坛围绕现代抹茶加工技术、抹茶的生产与机遇、韩国抹茶、越南抹茶等进行了交流，共同探讨抹茶的生产技艺发展趋势，共谋全球抹茶发展大计。

2019年10月31日，"抹茶审评技术标准研讨会"在浙江杭州召开，浙江省农业技术推广中心俞燎远高级农艺师主持会议，浙江大学龚淑英教授、中国农业科学院茶叶研究所刘栩副研究员等20余名专家出席。会议对抹茶和碾茶审评方法、品质评语等进行了研讨。

2019年11月8日，第六届中华茶奥会抹茶食品大赛在杭州举办。通过口感、观感、营养、创新等角度评出1个金奖，2个银奖和4个铜奖。叶丽伟先生选送的"七茶"获得金奖。

2019年11月27日，由浙江红五环制茶装备股份有限公司苏中强、浙江省农业技术推广中心俞燎远、浙江红五环制茶装备股份有限公司苏渊卉、绍兴御茶村茶业有限公司万景红等共同研发的"6CSN—400全自动碾茶生产线"被浙江省经济和信息厅、浙江省财政厅评定为2020年浙江省装备制造业重点领域首台（套）产品，并获第四届浙江省农业机械科学技术奖一等奖。

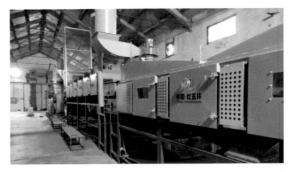

2019年11月28日，中华全国供销合作总社发布《蒸青茶加工技术规范》（GH/T 1277—2019）供销合作行业标准。

2019年12月8日，《焙烤食品专用抹茶》浙江制造团体标准审评会在浙江绍兴抹茶小镇客厅召开。

2020年4月8日，浙江省绍兴市南部山区抹茶园发生严重晚霜冻害，大面积待采抹茶园茶芽呈现烧焦状，受灾情况严重，绍兴御茶村茶业有限公司抹茶生产基地直接经济损失2006.3万元。

2020年5月22日，由浙江省农业技术推广中心等单位起草的《抹茶审评技术规范》浙江省地方标准通过浙江省市场监督管理局和浙江省农业农村厅共同组织的标准审评。

2020年6月5日，《抹茶加工技术规范》浙江省地方标准通过浙江省市场监督管理局和浙江省供销合作社共同组织的标准审评。

2020年6月28日，浙江省农业农村厅《关于省政协十二届三次会议第132号提案的答复》（浙农提〔2020〕135号），针对浙江省政协农业农村委农一组《关于优化抹茶产业发展路径的建议》（第132号）提案，指出浙江省将在加大扶持力度、选育适制良种、推进"机器换人"、推广优新技术、加强标准制定、培育龙头茶企、打造知名品牌等方面推进抹茶产业发展。

2020年7月4日，《碾茶生产线》浙江制造团体标准审评会在浙江杭州召开。

2020年7月20日，浙江省农业农村厅、浙江省供销社联合在杭州召开"浙江省抹茶产业高质量发展座谈会"，会议由浙江省农业农村厅蔡元杰副厅长主持，浙江省供销社沈省文副主任、茶叶处方志文处长，浙江省农业技术推广中心王岳钧正处长级专员、徐云焕副主任出席。中国农科院茶叶研究所、浙江大学茶叶研究所、浙江省农业技术推广中心等单位专家，浙江省茶叶集团股份有限公司、绍兴御茶村茶业有限公司等8家抹茶生产、加工、应用和抹茶机械制造龙头企业负责人参加座谈，共商浙江省抹茶产业高质量发展对策。

2020年7月30日，"高品质功能性超微茶粉（抹茶）产业化配套技术研究与集成推广"农业农村部重大协同

推广项目总结会在浙江安吉召开。浙江省农业技术推广中心俞燎远正高级农艺师主持会议。

2020年9月15—20日,"抹茶全产业链技术培训班"在浙江武义举办,从事抹茶品种繁育、生产加工、综合利用等全产业链的企业负责人70余人参加。浙江省农业技术推广中心俞燎远正高级农艺师、中国农业科学院茶叶研究所尹军峰研究员等专家就"抹茶产业发展趋势"、"优质抹茶园栽培管理技术""抹茶加工技术与加工装备""抹茶的营养与综合利用"等抹茶全产业链技术作专题培训。组织参观了浙江乡雨抹茶、金华翡翠抹茶、华茗园抹茶、赤山湖抹茶等抹茶龙头企业的抹茶生产流水线和优质抹茶园。

全省抹茶全产业链技术培训班合影

主要参考文献

黄媛媛,王煜,胡秋辉,2004.抹茶冰淇淋,抹茶奶茶和抹茶面条的研制[J].食品科学(4):122-124.

毛祖法,俞燎远,等,2008.茶叶采摘、加工与贮藏技术[M].北京:中国农业出版社.

俞燎远,毛祖法,2012.茶叶生产知识读本[M].杭州:浙江科学技术出版社.

俞燎远,2014.茶叶全程标准化操作手册[M].杭州:浙江科学技术出版社.

刘东娜,聂坤伦,杜晓,等,2014.抹茶品质的感官审评与成分分析[J].食品科学,35(2)168-172.

骆耀平,2015.茶树栽培学[M].北京:中国农业出版社.

毛立民,翁昆,周卫龙,等,2017.抹茶:GB/T 34778—2017[S].北京:中国国家质量监督检验检疫总局.

韦勇,徐嘉民,雷睿勇,等,2018.贵州抹茶:DB52/T 1358—2018[S].贵阳:贵州省质量技术监督局.

俞燎远,2019.浙江抹茶产业高质量发展的战略思考[J].中国茶叶,41(4):47-51.

王国夫,孙小红,方逸,等,2019.遮阴对抹茶茶园土壤微生物特性及土壤酶活性的影响[J].茶叶科学,39(3):355-363.

沈炜,盛华栋,万景红,等,2019.饮料配料专用抹茶:T/ZZB 0987—2019[S].杭州:浙江省品牌建设联合会.

王金贤,俞燎远,余金荀,等,2020.抹茶加工技术规范:DB33/T 2276—2020[S].杭州:浙江省市场监督管理局.

俞燎远,金建平,祝凌平,等,2020.抹茶审评技术规范:DB33/T 2279—2020[S].杭州:浙江省市场监督管理局.

TOWNSEND D, MAITIN V, CHESNUT T, et al., 2011. Anti-Retroviral Activity of Phytochemical Rich Dietary Ingredients: Herbs, Spices, Fruits and Matcha(Green Tea)[J]. Faseb journal, 25(6):931-948.

NISHIMURA T, KABATA K, KOIKE A, et al., 2016. In vitro Anti-inflammatory Effects of Edible Igusa Soft Rush(*Juncus effusus* L.)on Lipoxygenase, Hyaluronidase, and Cellular Nitric Oxide Generation Assays: Comparison with Matcha Green Tea(*Camellia sinensis* L.)[J]. Japanese society for food science and technology,22(3):395-402.

DIETZ C,DEKKER M,PIQUERAS-FISZMAN B,2017. An intervention study on the effect of matcha tea, in drink and snack bar formats, on mood and cognitive performance[J].Food research international,99(1):72-83.

WILLEMS M E, DOHERTY J, BLACKER S D, 2017. No Adverse Effects of Matcha Green Tea Powder on Metabolic and Physiological Responses during Running[J].Medicine and science sports and exercise.49(5):929-931.

WILLEMS M E T, SAHIN M A, COOK M D, 2018. Matcha Green Tea Drinks Enhance Fat Oxida-
tion During Brisk Walking in Females[J]. International journal of sport nutrition and exercise
metabolism, 28(5):536-541.

BONUCCELLI G, SOTGIA F, LISANTI M P, 2018. Matcha green tea(MGT)inhibits the propaga-
tion of cancer stem cells(CSCs), by targeting mitochondrial metabolism, glycolysis and multi-
ple cell signalling pathways[J]. Aging, 10(8):1867-1883.

BURCUS A, VAMANU E, SARBU I, et al., 2018 Antioxidant, Anti-Inflammatory, and Antibac-
terial Potential of Different Drinks Based on Matcha Tea[J]. IOP Conf. series: materials science
and engineering, 374(1):012072.

KURAUCHI Y, DEVKOTA H P, HORI K, et al., 2019. Anxiolytic activities of Matcha tea powder,
extracts, and fractions in mice: Contribution of dopamine D1 receptor-and serotonin 5-HT1A
receptor-mediated mechanisms[J]. Journal of functional foods, 59(3):1-8.

UNNO K, FURUSHIMA D, HAMAMOTO S, et al., 2019. Stress-reducing effect of cookies contain-
ing matcha green tea: essential ratio among theanine, arginine, caffeine and epigallocatechin
gallate[J]. Heliyon, 5(5):e01653.

SCHRODER L, MARAHRENS P, KOCH J G, et al., 2019. Effects of green tea, matcha tea and
their components epigallocatechin gallate and quercetin on MCF-7 and MDA-MB-231 breast
carcinoma cells[J]. Oncology reports, 41(1):387-396.